UNA HISTORIA DE LAS MATEMÁTICAS PARA JÓVENES

Desde la Antigüedad hasta el Renacimiento

Los autores, **Ricardo Moreno Castillo** y **José Manuel Vegas Montaner**, son profesores de la Universidad Complutense de Madrid y ambos dan clase de historia de las matemáticas.

UNA HISTORIA DE LAS MATEMÁTICAS PARA JÓVENES

Desde la Antigüedad hasta el Renacimiento

Ricardo Moreno Castillo
José Manuel Vegas Montaner

nivola

A Carmen y Beatriz

2ª edición: 2009

Apartado de Correos 113. 28760 Tres Cantos
Tel.: 91 804 58 17
www.nivola.com
contacto@nivola.com

ISBN: 978-84-92493-36-4
Depósito legal: M-2227-2009

ÍNDICE

INTRODUCCIÓN

Este libro trata de la historia de las matemáticas. Los hombres tienen historia, por ello también la tienen las creaciones del hombre, y las matemáticas son una creación del hombre. Ni nuestra manera de escribir, ni de pintar, ni de vestir han sido siempre como son ahora, ni siquiera nuestra manera de pensar. Todas las ideas que nos parecen más obvias, todos los adelantos técnicos a los cuales estamos acostumbrados, han sido resultado de siglos de trabajo y de reflexión. Las matemáticas, cuando te las explican bien, parecen muy sencillas, cosas que a cualquiera se le hubieran podido ocurrir. Pero no es así. El cálculo con derivadas tiene tan solo trescientos años, lo cual quiere decir que tardó mucho en descubrirse, y fue obra de las mejores inteligencias del siglo XVII. Nuestra manera de escribir los números y de hacer cuentas es más antigua, pero también su gestación fue lenta y difícil. Los distintos temas que estudias en un mismo curso de matemáticas, aunque aparezcan muy ordenados uno detrás de otro, han tenido su origen en épocas distintas y en lugares muy distantes entre sí. En este libro te contaremos un poco de esta historia. Un poco solamente, porque es muy larga, pero si te interesas por ella, podrás encontrar otros libros en los que podrás seguir aprendiendo. De momento, si con éste que ahora tienes en la mano pasas un buen rato, los autores se considerarán sobradamente recompensados.

1. MATEMÁTICA PREHISTÓRICA

¿Matemática prehistórica? Pero, ¿no dice todo el mundo que la matemática es la ciencia de lo abstracto, del símbolo, de la forma perfecta e ideal? ¿Cabe esperar eso de nuestros antepasados de hace miles y miles de años, que en principio parece que solo se preocupaban por su supervivencia? Pues sí, en cierto modo, también hicieron matemáticas. Vamos a ver cómo. Toda ciencia pasa por una fase precientífica de acumulación de datos, experiencias e intuiciones, que se transmiten de padres a hijos y de maestros a alumnos. Eso sucede con todos los saberes: la filosofía, la medicina, la física, y también con la matemática.

El ser humano de hace dos millones de años, el *Homo habilis,* con su aspecto de chimpancé y cerebro poco mayor que el de éste, progresa lentamente con sus instrumentos de piedra y madera, pasa de recogerlos del suelo a fabricarlos, aportando después innovaciones que los mejoran. Gracias a ellos no sólo se adapta al medio en el que vive sino que lo adecúa a sus necesidades. La primera máquina matemática es el *número*, y el cálculo con números. Otra, no menos importante, es la percepción y dibujo de *formas* y el cálculo con éstas.

Contar, primera fase: aprender a agrupar objetos

La actividad matemática más inmediata es la de *contar*. Tan acostumbrados estamos a ella que no le damos importancia, pero, si pensamos un poco, veremos que la cosa no es tan simple: lo primero que hace falta es que el *contador* sea capaz de reunir una colección de objetos e identificarlos como miembros de un mismo grupo que los unifica. Esta unificación es fácil si se trata de un rebaño de ovejas o de los miembros de una tribu, pero no lo es tanto si las fronteras son menos nítidas: reunir *2 peras* y *3 manzanas* en la categoría común de *5 frutas* exige tener primero en algún lugar del cerebro la idea, más o menos abstracta, de *fruta*. Esto no le resultaba nada fácil al hombre primitivo por su forma peculiar de percibir el mundo: las cosas que ve ahí fuera todavía no han tomado forma en una mente que las ordena y, sobre todo, las separa. No son objetos que están fuera de él, sino que están absorbidos en su propia vida, él es parte de ellas, y ellas son partes de él. No se sitúa, como nosotros, ante las cosas en actitud de observador, sino que él mismo es parte integrante de ellas.

Superando todas estas dificultades mentales, las ideas unificadoras se van formando a lo largo de los siglos en la mente del hombre a medida que éste se va acostumbrando a encontrar aspectos comunes a los objetos del mundo y a agruparlos adecuadamente.

Contar, segunda fase: emparejar objetos ya agrupados

Una vez que el contador tiene claro, conscientemente o no, el principio unificador de su grupo de objetos, lo pone en contacto visual con los dedos de sus manos y ya puede comunicar a su vecino cuántas cebras ha visto pastando en el río. Claro que, en realidad, lo que le dice es: están pastando estas cebras, mientras le muestra, por ejemplo, el pulgar y el índice de su mano izquierda. Nosotros llamamos *dos* a esa combinación de dedos u otra parecida, como el índice y el corazón. Con el tiempo, los grupos de dos objetos (parejas), los de tres (tríos o ternas), o incluso cuatro pasaron al lenguaje cotidiano

Pero observa que no es tan fácil hacerlo: la pareja puede surgir de la identidad de dos objetos intercambiables (como dos peras) o de la dualidad, en la cual los dos objetos no son iguales, sino complementarios (hombre-mujer, día-noche) o simétricos (las dos manos). Y hace falta mucha audacia para atreverse a usar la misma palabra *dos* para referirse a las dos manos que no son iguales (y menos mal: vaya lío tener dos manos derechas o dos izquierdas) y dos ovejas (objetos perfectamente intercambiables y frecuentemente indistinguibles). Con todo, el ser humano va superando estas dificultades y llega a la siguiente fase.

Contar, tercera fase: crear palabras para los números

El paso siguiente es asociar palabras específicas (los llamados numerales: dos, tres, cuatro...) a grupos de dedos. O, lo que es lo mismo, a aquellos grupos de objetos de muy diversas características cuya única propiedad común es la de ser coordinables o emparejables entre sí, es decir, susceptibles de ser puestos en *correspondencia biunívoca* unos con otros: usaremos la misma palabra *tres* para referirnos a *tres peras* o *tres manzanas* porque podemos emparejar cada pera con su manzana correspondiente, sin que nos sobre ni nos falte ninguna pera ni manzana. Y lo específico del *tres*, que lo distingue del *dos*, es que, al intentar coordinar tres peras con dos manzanas, siempre nos queda una pera sin emparejar. No hace falta emparejar físicamente las peras y las manzanas. Basta hacerlo mentalmente, gracias a la costumbre, asentada a lo largo de los siglos, de relacionar visualmente la colección de objetos con los dedos de las manos. En nuestro lenguaje, diríamos que las *tres* peras son, efectivamente, *tres* porque estamos acostumbrados a asociarlas a los tres primeros dedos de la mano.

Pero ¿cuántos números? La mayor o menor longitud de la lista de números que usa cada pueblo, es decir, de las palabras que han inventado para ellos, depende de la naturaleza de su economía. ¿Para qué quiere un cazador o recolector de frutos contar más allá de dos o tres? Le bastaría con decir *muchos*. Pero un ganadero ha de poder contar hasta cien o más. Unas investigaciones realizadas a finales del siglo XIX con pueblos primitivos de África y Oceanía arrojaron resultados muy sorprendentes. Muchas lenguas aborígenes australianas carecían de ordinales, y sus cardinales no llegaban más allá de cuatro, llamando *mucho* a las cantidades mayores. Otras tribus, a poca distancia de las anteriores, usaban cardinales hasta 15 o 20, además de ordinales, sin razón aparente que explique tales diferencias entre pueblos muy parecidos en todo lo demás.

Contar, cuarta fase: escribir los números

Pasando de lo hablado a lo escrito, para registrar (o sea, escribir) estos numerales, lo más natural es hacer marcas o incisiones en algún material duradero como madera o hueso, una marca por cada objeto del grupo en cuestión, como simulando los dedos de la mano.

El registro conocido más antiguo es un hueso de lobo hallado en 1937 en la región de Moravia, en la República Checa, que tiene unos treinta mil años de antigüedad. Presenta 55 muescas agrupadas en series de cinco. Estos agrupamientos de cinco en cinco pueden servir simplemente de ayuda visual, como se hace en nuestras reglas actuales, con sus marcas pequeñas de milímetros, las más largas de centímetros, y las marcas intermedias de cinco milímetros. También se puede ver en ellas un incipiente sistema de numeración en base 5.

Números, magia y números mágicos

Aparte de su carácter instrumental en la actividad básica de contar, el número está cargado de connotaciones religiosas y mágicas en casi todas las culturas, sobre todo asociadas a la idea de *unidad*... "El Uno" o "lo que es Uno" surge usualmente en el ámbito religioso o teológico.

Las ideas de paridad y dualidad proceden también de la experiencia de todos los días, como vimos antes, unas veces cuando los elementos de la pareja son iguales (como dos manzanas) y otras veces cuando se complementan (como las dos manos, que son simétricas, no iguales: cualquiera es capaz de distinguir una mano izquierda de una derecha). En general, los números surgen por razones prácticas, por la necesidad de contar, pero pasan en seguida a cobrar carácter simbólico (es decir, que va más allá de su apariencia o significado inmediato) y a formar parte de las creencias religiosas o mágicas de muchos pueblos, llegando en algunos casos a extremos realmente pintorescos. Aun así, es importante entender que esta asociación mágica del número a cosas o ideas que nada tienen que ver con su origen tuvo una importancia fundamental en el proceso intelectual que llevó al hombre primitivo a aislar o abstraer el *dos* de la frase "dos peras", y a considerar que es el mismo *dos* de la frase "dos manos" o "tengo dos progenitores: padre y madre".

Bases de numeración

La necesidad de tratar con grupos cada vez más grandes trae consigo la necesidad de refinar el método de contar, introduciendo un progreso aritmético fundamental, la noción de *base de numeración.* En el proceso de contar con los dedos parece natural llamar *mano* al conjunto de cinco dedos, o inventar un nombre (*diez*) para el conjunto de dos manos. Cuando resulta insuficiente el uso de los dedos, y se recurre a contar mediante grupos de piedras, éstas frecuentemente se agrupan en montones de cinco, como las chinas en el mus. De ahí viene la palabra calcular: *calculus* significa en latín piedras.

Análogamente, si se hacen marcas en un hueso, se puede destacar la marca número 5, después la 10, y así sucesivamente, con objeto de hacer más visible la cantidad total. Sin embargo, hay que distinguir entre agrupar muescas en grupos de cinco para mejor visualizarlas (o contarlas a ojo), frente dar el gran salto conceptual de considerar cada grupo de cinco como una unidad por sí misma, que podría llamarse *mano*, y referirse a 17 unidades como *3 manos y 2 dedos*. El avance definitivo es el de tratar una *mano de manos* como una *unidad* de orden superior formada por cinco manos (esto es, 25 dedos), e introducir una palabra especial (y quizá un símbolo escrito) para ella. Una vez descubierto (o mejor, inventado) el método, puede aplicarse de forma ilimitada, y así cabe referirse a 2 *manos de manos, 3 manos y 4 dedos de ovejas*, lo que significa $2 \times 5^2 + 3 \times 5 + 4 = 69$ ovejas. Una forma natural de representar eso sería, más o menos, la de la figura que viene a continuación:

69 ovejas

Muchos investigadores piensan que el impulso definitivo a esta idea genial de considerar unidades de distintos niveles tuvo su origen en el uso de los sistemas de pesos y medidas y, más adelante, en la invención de la moneda y la necesidad de usar las correspondientes monedas fraccionarias. Tanto en unos como en otros aparecen de manera natural las diferentes unidades de medida, así como la idea de subdivisión o unidad fraccionaria. Así, la libra esterlina británica se dividía, hasta 1972, en 20 chelines, moneda fraccionaria de primer orden, y cada chelín en 12 peniques, moneda fraccionaria del segundo orden.

Base 10 y otras bases

La base 10 acabó imponiéndose en la inmensa mayoría de las culturas. Según Aristóteles, porque tenemos 10 dedos. Con todo, existen otras bases de numeración. Como veremos, los pueblos mesopotámicos usaban 60 como base. Los mayas usaban la base 20. Unas tribus de indios americanos emplean la base decimal, otras 5, otras 20, otras 2 y, muy pocas, 3. Como ves, la idea de elegir 10 como base no la ha tenido todo el mundo, aunque todos tengamos 10 dedos, y con todos los respetos para Aristóteles. Expresar un número pequeño en base 2 se puede hacer a ojo, representando primero la cadena de potencias de 2 y luego encajando el número entre potencias consecutivas.

2 elevado a:

0	1	2	3	4	5	6	7	8
1	2	4	8	16	32	64	128	256

Por ejemplo, para expresar 83 en base 2, vemos primero que está entre 64 (que es 2^6) y 128 (que es 2^7).

La diferencia con la menor de éstas, 83 – 64 es 19, que es a su vez 16 + 2 + 1. En total, poniendo un 1 para cada potencia de 2 que aparece en la suma (subrayada en el cuadro siguiente), y un 0 en cada potencia que no aparece, obtenemos:

2 elevado a:

0	1	2	3	4	5	6	7	8
$\underline{1}$	$\underline{2}$	4	8	$\underline{16}$	32	$\underline{64}$	128	256
1	1	0	0	1	0	1	0	0

En símbolos actuales:

$$83 = 64 + 16 + 2 + 1 = 2^6 + 2^4 + 2^1 + 2^0 = 1010011_{(2}$$

El gran invento: la numeración posicional

Una cosa es dar con la idea de usar un sistema de numeración con base fija, como el decimal, y otra encontrar un modo eficiente de representar los resultados por escrito. Los egipcios, por ejemplo, tenían un símbolo para las unidades, otro para las decenas, otro para las centenas, y así sucesivamente. Para representar 3 centenas, 8 decenas y 7 unidades escribían 3 figuras iguales de centena, al lado 8 figuras de decena y al final 7 figuras de unidad.

Los chinos tenían también un sistema parecido, pero se les ocurrió después otro basado en su *cálculo de varillas*: sus contables reflejaban las cantidades mediante varillas dispuestas en tablas con celdillas. Algo parecido a esto:

||| || ||||| ||||

que es una forma abreviada de decir: tres millares más dos centenas, más cinco decenas más cuatro unidades. Con el tiempo, los escribas se cansan de levantar la pluma del papel (que también inventaron los chinos) para escribir ||| y deciden hacer un trazo único para el tres. Lo más importante importante es que el *tres* de las unidades de millar y el *tres* de las decenas se escriben igual: es su posición la que decide a qué unidades se refiere. Con ello se consigue, entre muchas otras cosas, que en el sistema decimal basten diez símbolos para representar cualquier número, cosa que no sucede con el sistema egipcio, que precisaría infinitos símbolos (uno para cada nivel). Genial, ¿no?

Como verás en los últimos capítulos del libro, nuestro sistema de numeración occidental no procede directamente del chino (aunque la idea es idéntica), sino de la India, que lo introdujo algo después que China, aunque de forma independiente. Luego pasó al mundo musulmán en la Edad Media y, finalmente, a la Europa occidental medieval. De ahí el nombre de *nume-*

rales indo-arábigos que se da a los números que usamos todos los días.

Pues bien, esta genial idea de la numeración posicional no fue hallada inicialmente por los matemáticos chinos, sino mucho antes, por la primera civilización conocida digna de tal nombre: los *sumerios,* de los que hablaremos en el próximo capítulo.

2. LA HISTORIA EMPIEZA EN SUMER

Éste es el título de un famoso libro en el cual se pone de manifiesto cómo el origen de la civilización tuvo lugar al sur del actual Irak hace unos 5.500 años.

El norte de Mesopotamia (palabra griega que significa *tierra entre ríos*), tiene un régimen de lluvias que permite el cultivo y la ganadería sin necesidad de riego artificial. Por ello, los primeros indicios de la revolución neolítica, alrededor del año 6.000 a.C., consistente en el cultivo de cereales y la domesticación de animales, se encuentran en el norte del valle del río Tigris, donde hay también rastros de cerámica. La aldea neolítica tiene poco más de 300 habitantes, unas sesenta u ochenta familias que viven en casuchas de barro en condiciones muy precarias.

Un importante cambio climático favoreció la progresiva desecación de las llanuras pantanosas de las desembocaduras del Tigris y del Éufrates. Siendo ocupadas por pueblos que vivían en las inmediaciones. Su única posibilidad de supervivencia en esta nueva tierra ganada al mar residía en una férrea organización de obras públicas y defensa exterior.

Hacia el 3700 a.C. ocupa esta zona un pueblo de origen desconocido: los *sumerios,* que se mezclan con los anteriores habitantes de la región. Aparecen en la tierra de Sumer construcciones mucho más elaboradas que las aldeas neolíticas: son las primeras ciudades-estado, que quizá fuese más preciso llamar *ciudades-templo*, por estar organizada toda su actividad en torno a dicha institución central, que coordina el colosal trabajo de construcción de murallas defensivas y de diques, ordenado todo ello por dioses, crueles y arbitrarios en su mayoría, y organizado por los sacerdotes de éstos. Entre las ciudades destaca Uruk, donde tiene lugar el nacimiento de la escritura hacia el año 3300 a.C. Uno de los reyes de Uruk fue Gilgamesh, protagonista de la primera de las grandes epopeyas literarias de la humanidad. Si eres aficionado a la mitología, te gustará leer el *Poema de Gilgamesh* (Editorial Tecnos, colección Clásicos del Pensamiento).

Hacia 2400 a.C. los *acadios* invaden Sumeria por el norte y establecen su capital en Akkad. De un nivel cultural inferior, absorben los conocimientos de los sumerios, dando lugar a la cultura sumero-acadia, y pasan sus dirigentes a llamarse "reyes de las tierras de Sumer y Akkad". Esta síntesis de pueblos heterogéneos desempeñó un importante papel en el desarrollo de una cultura tan original como la mesopotámica. Este imperio alcanzó su máxima extensión hacia el 2300 a.C. Cuatro siglos después, los *amorreos*, nómadas antepasados de los árabes, invaden la región, fundando el Primer Imperio Babilónico, con capital en Babilonia, en la zona acadia. Durante su primera dinastía (1829-1530), cuyo rey principal es Hammurabi (1727-1685) se da una gran expansión cultural. De esta época corresponden los textos matemáticos que se llaman *babilónicos antiguos* o *paleobabilónicos*, aunque existen otros anteriores.

El imperio babilónico ve su fin con la invasión de los *asirios*. Es ésta una época importante para el desarrollo de una astronomía destinada a adivinar el futuro y los deseos de los dioses observando el movimiento de los astros. Tras siglos de tiránico dominio sobre todo el Oriente Próximo, los asirios serán derrotados en el 612 a.C. por una tribu emparentada con ellos, los *caldeos* (nombre que se da en la Biblia a todos los habitantes de la región), que

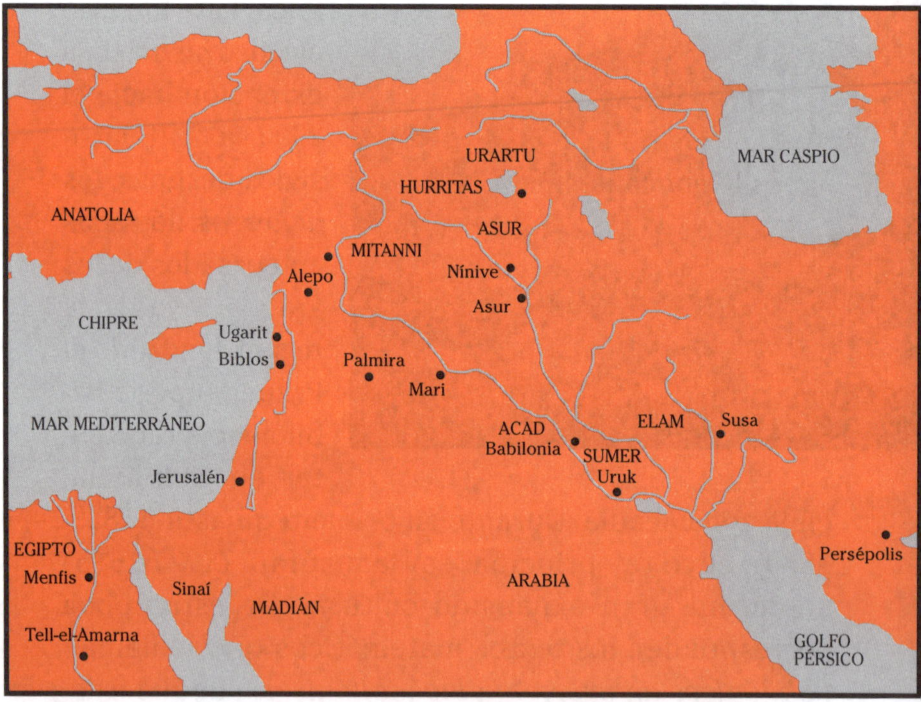

establecen de nuevo la capital en Babilonia y crean el brevísimo Segundo Imperio Babilónico, durante el cual se dio un cierto resurgir de las matemáticas.

En 539 a.C., el rey persa Ciro invade Mesopotamia y pasa a formar parte de su imperio hasta que su descendiente Darío III es derrotado por el rey macedonio Alejandro Magno, que conquista Babilonia el 330 a.C. Desaparecido Alejandro, su imperio se divide entre sus generales, correspondiendo Mesopotamia a Seleuco, que inicia la dinastía llamada *seleúcida* el 312 a.C. Como en todo el ámbito llamado helenístico, tiene lugar una importante síntesis de culturas y tradiciones, imponiéndose la lengua griega como lengua de transmisión del saber en toda la región. Matemáticamente hablando, es la época de madurez de la astronomía, y Babilonia el lugar a donde iban a aprender todos los interesados en esa ciencia en toda el área del Oriente Próximo.

La escritura

En todo el Oriente se han encontrado pequeños cuerpos geométricos hechos de arcilla, como esferas, cubos, discos cilíndricos y otras figuras. Algunos de estos objetos tienen más de 10.000 años, y frecuentemente se hallan dentro de ánforas cerradas por arriba por un disco hermético, en el cual, para mayor seguridad, se dibujaba (muy toscamente) lo que venía dentro.

La variante sumeria de estos discos grabados son las tablillas de arcilla sobre las que se dibuja con un punzón; posteriormente se cuecen (si son importantes) y el resultado es de una robustez gracias a la cual las podemos transcribir 5.000 años después. Las tablillas más antiguas contienen signos de objetos y de números, como la que puedes ver a continuación:

Unos números aparecen de una a nueve veces (las unidades, marcadas como ◖), mientras que otros sólo de una a cinco (las decenas, trazadas como ●). El número mayor que se puede escribir con estas reglas es 59 (9 veces ◖ y 5 veces ●), lo que sugiere que este sistema de numeración es de tipo sexagesimal, esto es, de base 60, y la presencia de las decenas parece indicar una mezcla con un sistema decimal anterior. Los signos que aparecen junto a los números suelen ser de animales o cereales.

Los símbolos o pictogramas se dibujaban con un punzón afilado. Los números se escribían con la parte de atrás (gruesa) del punzón. Unas veces se hacía la incisión en vertical, obteniéndose ●, y otras se colocaba en forma oblicua, resultando una especie de cuña ◖ o ◗. Los punzones eran de distintos tamaños, los mayores servían para designar las unidades de orden superior. Quizá en alguna ocasión el escriba perdió el punzón grande y entonces escribió el 60 como el 1, suponiendo que el contexto aclararía el sentido. Y ese día inventó el sistema posicional de numeración.

Con el transcurso del tiempo se cambió la forma de los punzones, y, con ello, la de las incisiones: la vertical produciría: 𒁹 , y la inclinada daría 𒌋 . Este cambio de punzón dio lugar a la *escritura cuneiforme,* que trata de reproducir los dibujos originales de los pictogramas mediante incisiones sucesivas. Aparece así un sistema de representación más abstracto en el que dibujo y objeto cada vez están más lejanos. El carácter monosilábico de la lengua sumeria facilitó el uso de símbolos asociados a un cierto objeto para referirse a otros significados cuya palabra tiene el mismo sonido (los llamados *homófonos*) o parecido. Esto lleva al descubrimiento de la escritura *fonética,* en la que los símbolos pierden su sentido inicial y pasan a designar sonidos puros (sílabas en el caso sumerio, fonemas en nuestro sistema alfabético, creado por los fenicios a finales del segundo milenio).

Así, la representación de números en su versión definitiva usa exclusivamente dos símbolos 𒁹 y 𒌋, cuya acumulación por repetición permite representar los números del 1 al 59: el primero de ellos representa las unidades, que se pueden repetir hasta nueve veces. El segundo las decenas, y puede repetirse hasta 5 veces. Imaginemos, por ejemplo, que deseamos representar el número 180288. Para pasarlo a base sesenta puedes imaginar que son segundos de tiempo, y que se ha de pasar a horas y minutos:

```
1 8 0 2 8 8 | 6 0            3 0 0 4 | 6 0
  0 0 2 8 8   3 0 0 4          0 0 4   5 0
        4 8
```

En consecuencia:

180288 segundos = 50 horas + 4 minutos + 48 segundos

O, si se quiere:

$$180288 = 50 \times 60^2 + 4 \times 60 + 48$$

Entonces el número 180288, en escritura cuneiforme es de este modo:

¿Por qué usaban los sumerios una base de numeración tan complicada como 60? Esta pregunta se ha planteado muchas veces y nadie sabe la respuesta. Un dato importante es que el sistema de pesos y medidas sumerio era sexagesimal. La hora se dividía en 60 minutos, estos en 60 segundos, la unidad de peso, el *talento,* se dividía en 60 *minas,* que a su vez constaban de 60 *siclos*. Claro que esto no nos resuelve el problema, pues no sabemos si eso era causa o efecto ¿por qué dividían sus pesos y medidas en 60 partes y no en otro número cualquiera? Pues bien, aunque parezca que estamos metidos en un argumento circular, no lo es tanto: al elegir un número que represente en cuántas unidades vamos a subdividir la unidad de medida básica, conviene que dicho número tenga muchos divisores para no tener que usar demasiadas unidades de niveles inferiores. Por ejemplo, como 60 es divisible por 2, 3, 4, 5, 6, 10, 12, 15, 20 y 30, podremos expresar en forma exacta todas esas fracciones de una hora. De este modo 1/2 = 30 minutos, 1/3 = 20 minutos, 1/4 = 15 minutos, 1/5 = 12 minutos, y así sucesivamente. Si los sumerios hubiesen decidido dividir la hora en 10 unidades, sólo habrían podido expresar en forma exacta la media hora y el quinto de hora.

Para acostumbrarse a manejar el sistema sexagesimal conviene aprovechar nuestra costumbre de medir ángulos y tiempos (que, al fin y al cabo, corresponden a ángulos recorridos por el sol en el firmamento) y visualizar un número en notación sexagesimal como si fuese un ángulo con sus grados, minutos y segundos, o la representación de un intervalo temporal en horas, minutos y segundos. Lo malo es que hasta el siglo III a.C. no se usa ningún símbolo para el cero ni ningún separador entre las posiciones, lo cual implica que, por ejemplo 1º 25' (1 grado y 25 minutos) y 1º 25" (1 grado y 25 segundos) se representarían igual, salvo un posible hueco entre el 1 y el 25 en el segundo caso. Unos escribas eran más cuidadosos que otros a la hora de que el espacio se notase bien. Por esta razón, hay tablillas bastante confusas, y su desciframiento resulta ser particularmente difícil.

Las fracciones sexagesimales se representan exactamente igual que sus contrapartidas enteras. En efecto, 20,30 (es decir, 20 seguido de 30, sin hueco entre las dos) puede significar tanto 20º 30' como 20'30". Todo se reduce a un cambio de unidades: en cuanto sepamos cuál es la de menor valor, podemos reconstruir el número. Y el escriba siempre confía en que la lógica del problema que está transcribiendo aclarará todas esas cuestiones. Lamentablemente, no pensó en los arqueólogos que estudiarían sus tablillas cuatro mil años después.

Operaciones en el sistema sexagesimal

Las operaciones en el sistema sexagesimal son como las de cualquier otro sistema posicional. La única diferencia entre los sistemas sexagesimal y decimal es que en el primero resulta indispensable disponer de una tabla de multiplicar, dada la dificultad de memorizar todos los productos de dos números del 1 a 59. De hecho, se han encontrado muchas tablillas que son tablas de multiplicar, algunas de ellas correspondientes a números muy complicados, probablemente relacionados con cuestiones astronómicas.

Para dividir, el escriba mesopotámico emplea un método muy eficiente: multiplica por el inverso del denominador. Para ello se precisan tablas de inversos, abundantísimas ya en el período sumerio tardío (hacia el año 2000 a.C.).

Es interesante observar que las tablillas de inversos antiguas no contienen el 7, ni el 11, ni muchos otros números. La razón de esta falta es, sin duda, la imposibilidad de expresar los inversos de dichos números en términos finitos. Esto también sucede con nuestro sistema: los inversos de unos números tienen un número finito de cifras (como el del 8) y otros no (como el del 9):

$$\frac{1}{8} = 0{,}125 = \frac{1}{10} + \frac{2}{10^2} + \frac{5}{10^3}$$

$$\frac{1}{9} = 0{,}111\ldots = \frac{1}{10} + \frac{1}{10^2} + \frac{1}{10^3}\ldots$$

La ventaja del sistema sexagesimal es que algunos números cuyo inverso en base diez tiene infinitas cifras, en base sesenta solo tiene un número finito (lo contrario es imposible). Por ejemplo el nueve

$$\frac{1}{9}=\frac{6}{60}+\frac{40}{60^2}$$

En cambio, el inverso del siete en ambos sistemas tiene infinitas cifras:

$$\frac{1}{7}=0,142857\ldots=\frac{1}{10}+\frac{4}{10^2}+\frac{2}{10^3}+\frac{8}{10^4}+\frac{5}{10^5}+\frac{7}{10^6}+\ldots$$

$$\frac{1}{7}=\frac{8}{60}+\frac{34}{60^2}+\frac{17}{60^3}+\frac{8}{60^4}+\ldots$$

Puedes comprobar tu mismo que con el once ocurre igual.

La infinitud del proceso debió intrigar a los antiguos mesopotámicos pero no les quitó el sueño: cuando tenían que usar estos inversos se limitaban a hacer lo mismo que nosotros cuando tenemos que operar con 1/9 cortar la expresión en algún punto dependiendo de la exactitud requerida. De todas formas, este proceder no debía parecerles muy convincente, y la prueba es el cuidado que ponían a la hora de preparar listas de ejercicios para que no aparecieran estos números, llamados *irregu-*

lares. Para representar un inverso que no apareciera en las tablas, por ejemplo, hacían lo siguiente:

$\frac{60}{32} = 1 + \frac{28}{32}$, luego la primera cifra es 1

$\frac{28}{32} \times 60 = \frac{1680}{32} = 52 + \frac{16}{32}$, la segunda cifra es 52

$\frac{16}{32} \times 60 = 30$, la tercera y última cifra es 30

Este último resultado no da resto, entonces:

$$\frac{1}{32} = 0^0 1' 52'' 30''' = \frac{1}{60} + \frac{52}{60^2} + \frac{30}{60^3}$$

Raíces cuadradas y el teorema de Pitágoras

En una famosa tablilla de hace unos 3.700 años aparece dibujo de un cuadrado con sus dos diagonales, con unos números en el interior:

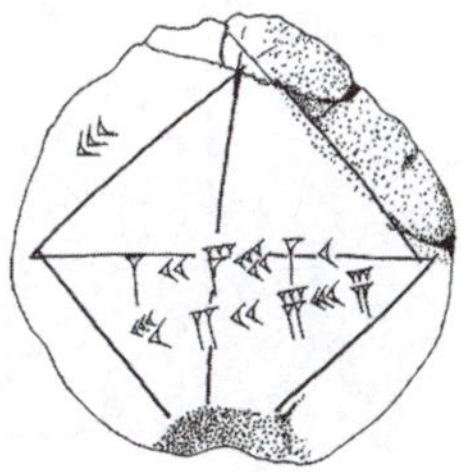

Es fácil comprobar que 1;24,51,10 es el doble de 42,25,35. Lo más interesante es que, pasando al sistema decimal resulta:

$$1;24,51,10_{(60} = 1,4142129_{(10}$$

que es una aproximación increíblemente precisa de:

$$\sqrt{2} = 1,41421356...$$

¿Qué representa esta figura? Si el lado del cuadrado grande fuese 1, por el teorema de Pitágoras la diagonal sería $\sqrt{2}$. Como el lado del cuadrado pequeño es 30, que en realidad es 0;30, es decir, 1/2, vemos que 0;42,35,35 es $\sqrt{2}/2$, que correspondería a la diagonal del cuadrado pequeño, es decir, el que sale en la tablilla. La única conclusión posible es que los mesopotámicos de esta época conocían el teorema de Pitágoras, o, al menos, la versión más sencilla de éste, la del triángulo isósceles, que aparece en otra tablilla análoga a la anterior:

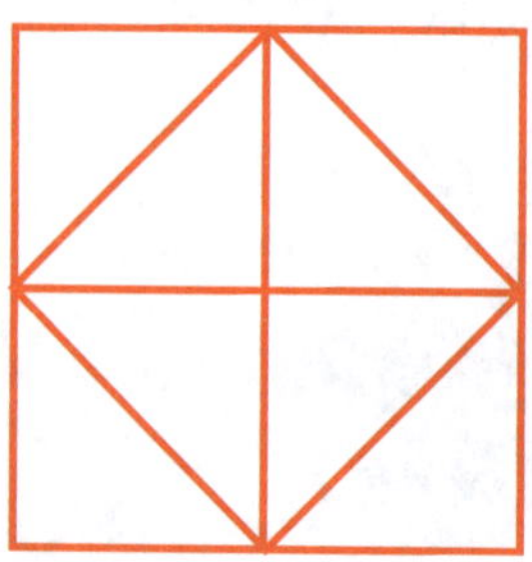

Si suponemos ahora que el cuadrado grande tiene de lado 2, su área (cuatro cuadrados de lado 1) se descompone en ocho triángulos rectángulos iguales, de los cuales los cuatro centrales forman un cuadrado cuyos lados son las hipotenusas de esos triángulos, y cuya área es 2, la mitad del total. Luego la diagonal del cuadrado de lado 1 genera un cuadrado de área 2. Eso es lo que queremos expresar cuando decimos que dicha diagonal mide $\sqrt{2}$.

Ecuaciones de primer y segundo grado

Los escribas babilónicos eran consumados maestros en la resolución ¡sin símbolos! de ecuaciones y sistemas de ecuaciones.

¿Y cómo se puede ni siquiera plantear una ecuación sin el símbolo oficial, el que para nosotros es la x? Pues sustituyendo el símbolo por una palabra completa, a ser posible con algún contenido fácilmente comprensible (peso de una piedra, longitud y anchura de un rectángulo, etc.).

En la primera columna de la siguiente tabla aparece el texto (retocado) de una tablilla, enunciado y resolución, y a la derecha su interpretación utilizando símbolos actuales y bastantes dosis de reflexión:

Tablilla	*Transcripción*
Un cuarto de anchura se suma a la longitud, y resultan siete manos.	$A/4 + L = 7$
Longitud y anchura sumados dan 10 manos	$L + A = 10$
¿Cuáles son la anchura y la longitud?	
4 veces 7 es 28	$A + 4L = 28$
10 restado de 28 son 18	$3L = 18$
El recíproco de 3 es 0; 20 *0; 20 por 18 son 6. 6 restado de 10 son 4*	$L = (1/3) \times 18 = 6$ $A = 10 - L = 4$

Date cuenta de lo distinta que es la expresión matemática actual de la de hace 3.500 años. La tablilla es una especie de guión, unos apuntes. La explicación no está escrita por ninguna parte, lo cual no quiere decir que no la haya: simplemente, se supone que el alumno ya la conoce (optimistas, ¿no?).

Ecuaciones de segundo grado

Otro aspecto llamativo del virtuosismo de los escribas mesopotámicos en su manejo de los números es su perfecta resolución de la ecuación de segundo grado. Lógicamente no escriben una fórmula como las nuestras para la solución, pues carecen del simbolismo para ello, pero las instrucciones que dan para la resolución son como una fórmula hablada y sin símbolos.

La mayor parte de las ecuaciones de segundo grado aparecen en el contexto de sistemas de dos ecuaciones con dos incógnitas. Veamos el siguiente ejemplo: *Un rectángulo de área 16 tiene de perímetro 20. ¿Cuáles son su anchura y su altura?* Si x es la anchura e y la altura, tenemos el siguiente sistema:

$$\left.\begin{array}{l} x+y=10 \\ xy=16 \end{array}\right\}$$

Parece ser que el escriba razonaba de la siguiente forma: como $x + y = 10$, probemos primero $x = y = 5$, lo que equivale a suponer que el rectángulo es un cuadrado. Pero, claro, no funciona, porque $xy = 25 \neq 16$. La anchura, x, será entonces 5 más *algo,* y por tanto la altura, y, será igual a 5 – *algo* (para compensar y mantener la suma igual a 10). Suponemos que conocían la famosa identidad algebraica "suma por diferencia igual a diferencia de cuadrados", y entonces llamamos A a ese *algo*:

$$xy=(5+A)(5-A)=5^2-A^2=16$$

Entonces $A^2 = 25 - 16 = 9$, en consecuencia $A = 3$, y el resultado final es $x = 8$ e $y = 2$.

Como puedes ver, al escriba le es más fácil recordar una regla sencilla (la de la suma por diferencia) y luego hacer un cálculo (incluso mental) que aprenderse la fórmula de la ecuación de segundo grado. Imagina, además, lo que debe ser aprenderse esto con palabras, sin símbolos. La guía de teléfonos es más fácil de memorizar que eso. Los matemáticos hindúes de siglos posteriores desarrollaron una técnica muy interesante para esto: expresar las reglas de cálculo en verso cantado. Las tablas de multiplicar cantadas que a algunos nos enseñaron (¡gracias!) tienen larga tradición, pero no eran en verso.

Otra vez el teorema de Pitágoras. Ternas pitagóricas

Como vimos antes, la evidencia arqueológica apunta a que los babilonios conocían el teorema de Pitágoras y lo utilizaban, como nosotros, en la resolución de problemas geométricos, obteniendo luego las correspondientes raíces cuadradas por el método que antes comentamos. Pero el teorema de Pitágoras añade a su vertiente geométrica otra mucho más misteriosa (cosa nada extraña tratándose de Pitágoras, ya lo verás dentro de poco). Se trata de garantizar que las raíces cuadradas que antes comentábamos den resultado entero: llamamos *terna pitagórica* a una colección de tres números enteros positivos x, y y z que satisfacen la que llamaremos desde ahora *ecuación pitagórica* $x^2 + y^2 = z^2$. Así, cada terna pitagórica corresponde a un triángulo rectángulo cuyos tres lados son múltiplos enteros de una misma unidad.

Prueba un poco con una calculadora y verás que la cosa no es nada fácil. Todo el mundo conoce el famoso triángulo (3, 4, 5), cuyos catetos miden 3 y 4, y cuya hipotenusa mide 5 ($3^2 + 4^2 = 5^2$, ¿verdad?), pero menos gente conoce el (5, 12, 13) (favorito de los constructores de altares hindúes), y no digamos el (7, 24, 25).

Pues resulta que una antiquísima tablilla, llamada *Plimpton 322* en honor al anticuario que la compró, contiene montones de estas ternas con valores imposibles de obtener por mero tanteo. ¿Cómo pudieron hacerlo con números tan increíblemente complicados?

La tablilla conocida como Plimpton 322.

A continuación te ponemos la tabla como la escribiríamos hoy. Puedes comprobar con tu calculadora que, efectivamente, son ternas pitagóricas.

número	*x*	*y*	*z*
1	120	119	169
2	3456	3367	4825
3	4800	4601	6649
4	13500	12709	18541
5	72	65	97
6	360	319	481
7	2700	2291	3541
8	960	799	1249
9	600	481	769
10	6480	4961	8161
11	4	3	5
12	2400	1679	2929
13	240	161	289
14	2700	1771	3229
15	90	56	106

3. LOS GEÓMETRAS DEL NILO

A diferencia de Mesopotamia, Egipto está limitado por *desiertos*, por lo cual la civilización egipcia se desarrolla en un ambiente mucho más *aislado* que la mesopotámica. Quizá por ello sus grandes logros nos impresionen aún más.

Mientras Europa se hallaba bajo el hielo, el norte de África disfrutaba de un clima suave, con abundantes animales que servían de sustento a muchas tribus nómadas. Al final de la época glacial la lluvia disminuye y la región se convierte finalmente en el mayor desierto del mundo, el desierto del Sáhara. Las tribus nómadas se refugian en el único valle que queda, el del Nilo, formando pequeñas aldeas que se transforman con el tiempo en ciudades agrupadas en dos grandes reinos: el Alto Egipto al sur y el Bajo Egipto al norte, junto al delta. Narmer, el rey del Alto Egipto, conquista el Bajo Egipto, y el país así unificado pasa por distintas etapas, llamadas *imperios*, separadas por períodos de disgregación feudal y guerras civiles.

Durante el *Imperio Antiguo* (2778-2260) se construyen las grandes pirámides, se establece la escritura, florecen las artes y la medicina y aparece la religión solar. En el *Imperio Medio* (2000-1785) progresa mucho la astronomía. De esta época son también los documentos matemáticos más importantes que nos han llegado, aunque es posible que los conocimientos contenidos en ellos procedan de épocas anteriores. Finalmente, el Bajo Egipto es ocupado por unos pueblos asiáticos llamados *hicsos*. Al parecer, fueron ellos quienes introdujeron los famosos carros de caballos, tan inseparables de la imágenes guerreras de los faraones. Durante el reinado de los faraones hicsos se copia un documento matemático esencial, el *papiro Rhind*, así como otras obras fundamentales de la cultura universal, como el *papiro Smith*, el primer libro de medicina.

Durante el *Imperio Nuevo*, Egipto alcanza su mayor extensión y hegemonía política. El faraón Akhenaton (1364-1347) introduce el primer culto monoteísta, el del dios Atón, abolido a su muerte. En el *Bajo Imperio* (1085-333) se da un lento proceso de decadencia, con la ocupación de diversas partes de Egipto sucesivamente por libios, asirios y persas, culminando con la conquista helénica al mando de Alejandro Magno y la posterior conversión del país en provincia romana.

La Dinastía XXVI (663-525) es especialmente importante desde el punto de vista matemático porque el faraón permite el establecimiento de una colonia de comerciantes griegos, llamada Naucratis, que fue un punto fundamental de enlace entre la milenaria civilización egipcia y la joven e incipiente cultura griega. Entre los visitantes ilustres de esta ciudad están nada menos que Tales y Pitágoras, quienes siempre manifestaron admiración por la cultura egipcia. Los textos que vienen a continuación demuestran el interés que Egipto despertaba entre los griegos:

"Dijeron, también, que este rey [Sesostris] dividió la tierra entre los egipcios, de modo que a cada uno le correspondiera un terreno rectangular del mismo tamaño, y estableció un impuesto que se exigía anualmente. Pero cuando el río invadía una parte de alguno, éste tenía que ir al rey y manifestar lo sucedido. El rey enviaba entonces supervisores [agrimensores] que debían medir en cuánto se había reducido el terreno, para que el propietario pagara sobre lo que le quedaba en proporción al impuesto total que se había fijado. Ésta es mi opinión sobre el origen de la geometría, que después pasó a Grecia".

HERÓDOTO, 440 a.C.

"A partir de ese momento, establecidas ya las ciencias prácticas, se inventaron las que no se orientaban al placer ni a la necesidad, primeramente en aquellos lugares en que los hombres gozaban de ocio: de ahí que las matemáticas se constituyeran por primera vez en Egipto, ya que allí la casta de los sacerdotes gozaba de ocio".

ARISTÓTELES, *Metafísica*

Como ves, los griegos, verdaderos *padres* de la matemática, consideraban que ésta había sido creada por los egipcios, que serían, por tanto, sus *abuelos*. ¿Es esto así?

Los jeroglíficos

La escritura egipcia, creada independientemente de la mesopotámica, es de tipo *jeroglífico:* los primeros trazos son dibujos (llamados *pictogramas*) que representan ideas y, con el tiempo, se asocian a las palabras habladas. Más adelante, algunas de ellas pasan a tener un valor fonético, utilizándose para representar la primera consonante o la primera sílaba de la palabra que también representan. Se ve aquí un proceso parecido al que experimentó la escritura mesopotámica de aproximación a la idea de alfabeto, con un símbolo por cada sonido. El primer alfabeto *de verdad* lo crearon los fenicios hacia el 1300 a.C. (¡casi 2.000 años después del origen de la escritura!).

Cuando los egipcios pasaron de esculpir en la piedra a dibujar sobre papiro, los viejos jeroglíficos, aunque muy estéticos, resultaron poco prácticos, y se transformaron en una escritura abreviada más sencilla, llamada *hierática*. Más adelante, al extenderse su conocimiento y uso entre la población, la escritura se simplificó aún más y se remplazó por una especie de taquigrafía llamada *demótica* (es decir, *popular*). El descubrimiento de la llamada *piedra de Rosetta* durante la campaña napoleónica en Egipto (1799), en la que aparece un mismo texto escrito en tres idiomas: jeroglífico, demótico y griego, permitió, tras muchísimo esfuerzo, descifrar los textos del antiguo Egipto.

Astronomía, arquitectura, medicina, matemática

Al mismo tiempo que las matemáticas, se desarrolló en Egipto la astronomía por pura necesidad: el hecho más importante de la vida egipcia era la inundación anual del Nilo, que se producía poco después de la aparición de Sirio, la estrella más brillante del firmamento Esta afortunada coincidencia les permitía anticipar la crecida del río y tomar las medidas adecuadas. Además, al tener lugar casi el mismo día cada año, hizo que los egipcios inventasen el calendario solar, con un año de 365 días. Tenían instrumentos muy precisos para la medición astronómica, como relojes de sol, y plomadas para determinar la altura (*azimut*) de un astro. Sin llegar al virtuosismo de los sacerdotes caldeos, ni su obsesión por la astrología, la astronomía alcanzó en Egipto un nivel bastante aceptable.

Por razones obvias, basta ver las pirámides o los grandes templos, los antiguos egipcios son considerados verdaderos maestros en el arte de la edificación. No es raro, pues, que Imhotep (2635-2595 a.C.), arquitecto y constructor de la primera pirámide escalonada, fuera tenido por semidiós, sanador, sabio y patrón no sólo de arquitectos, sino también de médicos y matemáticos. Según la tradición, el dios Toth le regaló la escritura y las matemáticas, ordenándole que se las enseñase a todos los hombres.

Como sabrás, la construcción de las grandes pirámides hace 47 siglos plantea problemas técnicos muy serios. Por ello, resulta intrigante que los constructores de estos monumentos no dispusieran de grandes tratados científicos. De hecho, y a excepción

de la medicina, los libros escritos por los científicos egipcios son de un nivel mediano. Los amantes de las ciencias ocultas hablan mucho del *libro de Toth,* compendio de todo el saber, mandado quemar por el hijo del faraón Ramsés (el de la película *Los Diez Mandamientos*) por contener conocimientos peligrosos. Eso explicaría que toda esa sabiduría no haya llegado hasta nosotros.

Las matemáticas en Egipto

No se han encontrado muchos documentos egipcios relativos a cuestiones matemáticas, en comparación con textos literarios o dedicados a la medicina. Aun así, hay dos obras fundamentales: el *papiro Rhind* y el *papiro de Moscú.*

En 1858, un anticuario escocés, Alexander Rhind, compró un gran papiro hallado en las ruinas de un templo de Tebas y lo donó al Museo Británico. El papiro fue escrito por el escriba Ahmes hacia el 1650 a.C. (época de los hicsos), basándose en un original del Imperio Medio (2000-1800). Es una especie de *libro de texto* al estilo de muchas tablillas mesopotámicas. La introducción es muy curiosa:

"Directrices para el conocimiento de todas las cosas inherentes a todo lo que existe y el conocimiento de todos

los secretos. Copiado en el año 33 del cuarto mes de la estación de la inundación siendo faraón del Alto y Bajo Egipto A-user, a semejanza de escritos antiguos del tiempo de Nema-et. El escriba Ahmes lo copia".

No está mal como prólogo, pero es un tanto ambicioso. El papiro contiene 85 problemas distribuidos en secciones dedicadas a la aritmética, cálculo de volúmenes, geometría y cálculo de pirámides, y una serie de problemas prácticos de repartos proporcionales en herencias, raciones de comida y horas de trabajo.

El otro documento, el *papiro de Moscú*, fue comprado por el anticuario ruso Golenishchev en 1893, y está actualmente en el Museo de Bellas Artes de Moscú. Fue escrito hacia el 1850 a.C. y contiene 26 problemas parecidos a los del *papiro Rhind*, con dos excepciones importantes, como veremos más adelante.

El sistema de numeración egipcio. Sumas y restas

Las primeras inscripciones numéricas aparecen en la maza real de Narmer (3100 a.C.). Destaca el tamaño increíble de los números que manejan los egipcios ya en época tan antigua: el rey sureño Narmer habría capturado 1.422.000 cabras, 400.000 vacas *y* 120.000 prisioneros en su campaña de conquista del Bajo Egipto.

Tanto botín de guerra parece una exageración, pero llama la atención que manejaran números tan grandes, aun cuando fuera para tirarse un farol.

El sistema de numeración jeroglífico es decimal, repetitivo (no utilizan un símbolo para representar, por ejemplo, tres cosas, sino que repiten tres veces el símbolo de la unidad de que se trate) y no posicional (es decir, no conocen el sistema de unidades, decenas, centenas…). Los símbolos que utilizaban eran los siguientes:

Suelen venir ordenados de izquierda a derecha, o en columna (sobre todo en monumentos). El número, 3.524 se representaría así:

La suma no presenta problemas en la matemática egipcia, pues el carácter repetitivo de la notación hace que sea suficiente acumular los símbolos y sustituir diez unidades de uno de ellos por una del símbolo siguiente. La resta la efectuaban a ojo, viendo cuánto le falta a uno de los números para alcanzar el otro.

Posterior a la numeración jeroglífica es la hierática, donde el principio de repetición es sustituido por la introducción de signos abreviados que representan los números de 1 a 9 (como hacemos nosotros), y lo mismo con las decenas, centenas y millares. Con ella podían escribir y tomar notas más rápidamente, pero no es tan bella como la jeroglífica.

Multiplicar sin tabla de multiplicar

Lo más característico del sistema egipcio es su forma de multiplicar y dividir, y su manejo de las fracciones. La multiplicación se efectúa por duplicaciones sucesivas, hasta llegar al número buscado. Por ejemplo,

Ejemplo: *Multiplicar* 69 *por* 19.

Primero observamos que 19 = 1 + 2 + 16.

Duplicaremos sucesivamente el 69 organizando los datos en tres columnas: en la de la derecha aparecen el número de partida y sus duplicaciones, y en la columna central la potencia de 2 correspondiente a la duplicación: duplicar dos veces equivale a multiplicar por 4, volver a duplicar es multiplicar por 8, y volver a duplicar equivale a multiplicar por 16. Las marcas de la columna izquierda indican los números que van a entrar en la suma final, representados en rojo, y que corresponden a los elementos de la columna central cuya suma forma el multiplicador. El resultado es el último número de la columna de la derecha.

*	1	69
*	2	138
	4	276
	8	552
*	16	1104
		1311

EJEMPLO: *Multiplicar* 37 *por* 24.

La descomposición de 24 en suma de potencias de 2 es: 24 = 16 + 8. Entonces la tabla es ahora la siguiente:

	1	37
	2	74
	4	148
*	8	296
*	16	592
		888

¿Y cómo se sabe que *cualquier multiplicación* se puede hacer a base de duplicaciones? Con números pequeños parece fácil, pero ¿cómo haríamos 234 × 77. Para obtener la necesaria descomposición del 77, recuerda el primer capítulo y escribe la lista de potencias de 2:

1, 2, 4, 8, 16, 32, 64, 128

quédate con 64 (el número inmediatamente inferior al 77), réstalo de 77 y vuelve a hacer lo mismo con el resto:

$$77 - 64 = 13 \text{ (luego } 77 = 64 + 13)$$

$$13 - 8 = 5 \text{ (luego } 13 = 8 + 5)$$

$$5 - 4 = 1 \text{ (luego } 5 = 4 + 1)$$

$$\text{Total: } 77 = 64 + 13 = 64 + 8 + 5 = 64 + 8 + 4 + 1$$

Con todos sus inconvenientes, este método tiene la ventaja de que no exige memorizar ninguna tabla de multiplicar y es perfecto para el cálculo mental. Además, se adapta muy bien al uso de instrumentos de cálculo como el *ábaco,* cuyo diseño está pensado para las operaciones de sumar y restar pero no para las de multiplicar y dividir. El ábaco, por si no lo sabes, es un instrumento formado por unas bolitas que se deslizan en unas varillas metálicas que representan a las unidades, decenas, centenas y millares. Sumar dos números se traduce en añadir las bolitas de uno a las del otro, de manera que, si se supera 10, se deja el resto y se añade una bolita a la varilla siguiente. Su uso fue casi universal en la Antigüedad, y hasta hace relativamente poco se usó mucho en todo el Oriente.

Piensa un poco: la propiedad conmutativa de la multiplicación no es nada transparente cuando se usa este método. Si estuvieras en la escuela de escribas de Menfis, en Egipto, y el maestro te dijera que 37 × 24 es lo mismo que 24 ×37, ¿te lo creerías? Reflexiona sobre ello.

División

La división no es otra cosa que la *multiplicación formulada a la inversa*. Tanto es así que se expresa de esa manera, sin designarla con una palabra especial para. Por ejemplo, en el problema 69 del papiro Rhind se pide *"sumar empezando por* 80 *hasta [llegar a]* 1120", y aparecen los siguientes cálculos:

	1	80
*	10	800 (hasta 1120 faltan 320)
		Para *fabricar* 320 a partir de 80
	2	160
*	4	320
		La suma de los * da 1120, que ya es el dividendo

La conclusión es que hay que sumar 14 veces 80 para llegar a 1120. Esto es: el cociente de 1120 entre 80 es 14 (en nuestra manera de hablar: los egipcios no usan ninguna notación para nuestros 1120/80). Este cálculo ha sido fácil, pero si los números en cuestión son grandes se necesita un buen número de intentos hasta elegir las líneas cuyos elementos de la tercera columna nos den como suma el dividendo. Si el resultado no es exacto hay que introducir fracciones. Veamos un ejemplo:

EJEMPLO: *Operar con* 24 *hasta obtener* 20 (Hoy diríamos: dividir 20 entre 24)

Como el dividendo es menor que el divisor, no tiene sentido duplicar, y sí *mediar* (que significa dividir por dos), o dividir por 3. Esta operación la hacían en dos fases: toman 2/3 del número y luego dividen por 2. La pasión de los escribas egipcios por el número 2/3 no tiene aún una explicación satisfactoria.

	1	24	Comentarios
*	2/3 de 24	16	
	1/3 de 24	8	la mitad del anterior
*	1/6 de 24	4	la mitad del anterior
			la suma de los * es 20
			entonces 20 son 2/3 + 1/6 de 24

Fracciones unitarias

Las fracciones egipcias constituyen uno de los puntos más apasionantes de su aritmética, pues tal y como las conocemos en la actualidad (con su numerador y denominador) las fracciones no existen en la matemática egipcia. Por alguna razón que desconocemos los egipcios usan exclusivamente las llamadas *fracciones unitarias,* que son las que tienen numerador unidad, con la única excepción de la fracción 2/3. Observa que todas las fracciones que aparecen en las tablas anteriores son de este tipo.

Para representar jeroglíficamente las fracciones unitarias se escribe un pequeño óvalo u ojo (llamado *ro*) sobre el símbolo jeroglífico del número:

1/3	
1/14	

¿Cómo se transforma una fracción cualquiera (como 2/5) en otra u otras que sean unitarias? La respuesta que nos parece obvia, es decir, 2/5 = 1/5 + 1/5, no se emplea nunca en los papiros, sin que se sepamos muy bien el por qué. El proceso que utilizan es más complicado y no siempre es fácil de explicar:

Para repartir dos panes entre cinco personas, divide cada pan en tres partes (habría solución exacta si fue-

sen 6 = 5 + 1 personas), entrega un tercio a cada uno de los cinco, y divide el tercio restante en cinco partes.

Como 1/3 de 1/5 es 1/15, resulta que cada persona recibe 1/3 + 1/15 de panes, es decir: 2/5 = 1/3 + 1/15. Este proceso equivale a la identidad algebraica siguiente:

$$\frac{2}{2n-1}=\frac{1}{n}+\frac{1}{n(2n-1)}$$

Cuando $n = 3$ tenemos el caso que acabamos de ver.

Descomposición en fracciones unitarias. Fibonacci y Sylvester

La mera posibilidad de descomponer una fracción cualquiera en suma de un número finito de fracciones unitarias distintas es de por sí un problema matemático interesante y nada obvio. Dos matemáticos de primera fila, Leonardo de Pisa (1170-1250) (también llamado *Fibonacci* y de quien ya tendremos ocasión de hablar) y James Sylvester (1814-1897) se pusieron a estudiarlo y dieron con el método hoy llamado de Fibonacci-Sylvester, un algoritmo extremadamente simple: en primer lugar, hallan la fracción unitaria de menor denominador más pequeña que la fracción dada y la restan a ésta. Aplican a esta diferencia el mismo procedimiento, y así sucesivamente. Sylvester demostró que este algoritmo termina, es decir, que no genera un número infinito de fracciones. Lo cual no sería en principio imposible, porque al haber infinitas fracciones unitarias, no hay garantía ninguna de que no vayamos a obtener fracciones de denominadores cada vez mayores, sin que el proceso termine.

Leonardo de Pisa,
conocido como Fibonacci.

Aquí tienes unos ejemplos, que debes comprobar por ti mismo:

$$\frac{7}{24}=\frac{1}{4}+\frac{1}{24} \qquad \frac{2}{7}=\frac{1}{4}+\frac{1}{28} \qquad \frac{13}{20}=\frac{1}{2}+\frac{1}{7}+\frac{1}{140}$$

Observa que 2/7 da un resultado del mismo tipo que el que hemos visto antes para la fracción 2/5.

Veamos con detalle el tercer caso, que es el más largo: la fracción 13/20 está entre 1/2 y 1, luego la primera fracción de la descomposición es 1/2. Restamos

13/20 – 1/2 = 3/20, es decir, 13/20 = 1/2 + 3/20 y obtenemos la siguiente descomposición provisional:

$$\frac{13}{20}=\frac{1}{2}+\frac{3}{20}$$

Trabajamos ahora con el *resto* 3/20.

Vemos que 1/7 < 3/20 < 1/6 (observa que 1/7 = 3/21 y 1/6 = 3/18. Por tanto, la segunda fracción es 1/7. La siguiente diferencia es 3/20 – 1/7 = 1/140, que ya es una fracción unitaria. Sustituimos en la última igualdad 3/20 por su descomposición en fracciones unitarias, y obtenemos de la descomposición de Fibonacci-Sylvester de la fracción 13/20.

Aunque la descomposición obtenida por el método de Fibonacci-Sylvester es *única,* una misma fracción admite varias descomposiciones. Para, por ejemplo, además de la propuesta anteriormente, vale también esta otra:

$$\frac{7}{24}=\frac{1}{5}+\frac{1}{20}+\frac{1}{24}$$

El truco está en que $1/n = 1/(n + 1) + 1/[n(n + 1)]$, de donde se deduce que toda fracción unitaria se puede descomponer como suma de otras dos, de modo que si quieres expresar como suma de mil fracciones unitarias, nada es más fácil, sólo es cuestión de paciencia. Podrías hasta conseguir una descomposición en infinitas fracciones. Pero ésa es ya otra historia.

Por cierto, el *papiro Rhind* transforma (mejor diríamos *obtiene*) la fracción 2/7 de manera directa: dividiendo 2 por 7, o sea, *operando con* 7 *hasta obtener* 2. Atención, que la cosa tiene su miga:

	1	7	**Comentarios**
	1/2	3 + 1/2	
*	1/4	1 + 1/2 + 1/4	Falta 1/4 para llegar a 2
			Generación de 1/4 a partir de 1/7
	1	7	
	1/7	1	
*	1/4 de 1/17 es 1/28	1/4	1/4 es 1/28 de 7
			La suma de los* ya es 2
			Entonces 2/7 = 1/4 + 1/28

¿No te parecen virtuosos estos escribas? Como ves, nuestro símbolo 2/7 indica tanto el cociente de 2 por 7 como el doble de 1/7. Para nosotros significa las dos cosas, pero no para el escriba egipcio, que considera necesario demostrarlo, y por ello hace estos cálculos.

Ecuaciones de primer grado y reglas de tres. El método aha

Las ecuaciones de primer grado se resolvían en Egipto por el llamado *método aha*. La palabra *aha* (o *hau*) significa *montón* en su sentido literal de *montaña de cosas*, y se usa para designar a una cantidad arbitraria (nuestra *incógnita*) que hay que calcular teniendo como dato el resultado de ciertas operaciones de suma y resta entre ella y sus múltiplos (enteros o fraccionarios). En el lenguaje algebraico actual, se trata de resolver una ecuación del tipo:

$$cx \pm dx \pm ex = b$$

donde b, c, d y e son enteros o fracciones, todas positivas. Nosotros aprendimos de pequeños a agrupar los coeficientes de la x, usando la propiedad distributiva: $cx \pm dx \pm ex = (c \pm d \pm e)x$, obteniendo así una relación (*ecuación*) simplificada con un solo término en x: $ax = b$, lo que nos permite despejar $x = b/a$. Así hacían también los babilonios. Pero este proceso requiere una cierta familiaridad con el álgebra que los egipcios no tenían.

El método *aha,* conocido también como *método de falsa posición* (y también llamado, quizás más correctamente, de *falsa suposición*) consiste en partir de un valor de prueba x^* (la *suposición*, o valor *supuesto*) y aplicarle las instrucciones del problema, obteniendo así un resultado de prueba $ax^* = b^*$. Si éste coincide con b, hemos acertado a la primera y merecemos un premio a la puntería. Lamentablemente, esto no suele pasar, pero eso no quiere decir que tengamos que lanzarnos a tomar sucesivos valores de prueba hasta que acertemos. El método *aha* explota muy astutamente el carácter lineal (o de primer grado) del problema, y emplea los valores de prueba, aunque sean falsos (ahí está su mérito) para obtener el resultado correcto.

Veamos el siguiente ejemplo (problema 26 del *papiro Rhind*):

"Una cantidad y su cuarta parte suman 15. *¿Cuál es la cantidad?*

Calcula con 4, *y toma de éste la cuarta parte: sale* 5. *Después divide* 15 *entre* 5: *sale* 3. *Finalmente multiplica* 4 *por* 3: *sale* 12. *Así ves que aha es 12."*

Como ves, el escriba toma $x^* = 4$ como *valor de prueba* con el claro objetivo de evitar fracciones. Entonces procede así: 4 y su cuarta parte (que es 1) suman 5, que es el valor de prueba b^* (y no 15, como debería ser).

Para obtener 15 a partir de 5 hay que multiplicar por 3. Entonces x es el resultado de multiplicar por 3 el valor de prueba 4, y resulta ser 12.

Muchos de los problemas del *papiro Rhind* (aunque éste es una excepción) terminan con la comprobación del resultado obtenido. Hazlo, y verás cómo la propia comprobación te hace comprender mejor el método y por qué funciona. En muchos casos el valor de prueba escogido es 1, pero siempre es mejor intentar eliminar las fracciones, como acabamos de ver al elegir $x^* = 4$.

Geometría egipcia

Como vimos en la introducción, los griegos consideraban a los egipcios como los creadores de la geometría. Con todo, más que una ciencia desarrollada en el sentido griego, con teoremas y demostraciones, se trata de una especie de aritmética aplicada, con fórmulas de áreas y volúmenes dadas *sin deducción*. Por ejemplo, el problema 51 del *papiro Rhind*:

"Un triángulo tiene 10 *varas de altura y* 4 *varas de base. ¿Cuál es su superficie? Toma la mitad de* 4 *(o sea,* 2*), para hacer su rectángulo. Multiplica* 10 *por* 2*. Esa es su superficie."*

La frase *"para hacer su rectángulo"* parece indicar que el escriba emplea un procedimiento gráfico: construir un rectángulo con la misma base y altura mitad, y observar que el área del triángulo coincide con la del rectángulo. Decimos observar en sentido literal, pues hay que convencerse visualmente (ver figura) de que el trozo de triángulo que *sobra* por arriba (rayado en el dibujo) es igual que el que *falta por debajo* (punteado en el dibujo). Demostrar esa igualdad sin recurrir a la figura será uno de los muchos éxitos de los geómetras griegos.

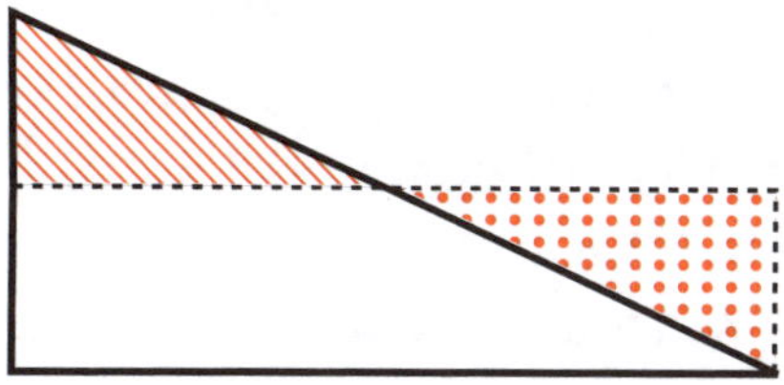

En el problema 52 del *papiro Rhind* se da un trapecio isósceles de bases 4 y 6 y altura 20. La instrucción es: tomar la semisuma de las bases *“de manera que se convierta en un rectángulo”* y multiplicar por 20. Igual que antes, el rectángulo es igual al trapecio (ver figura), pues la semisuma de las bases, o *base media*, es justamente la que hace que los triángulos que sobran por arriba (punteados) sean iguales a los que faltan por abajo (rayados).

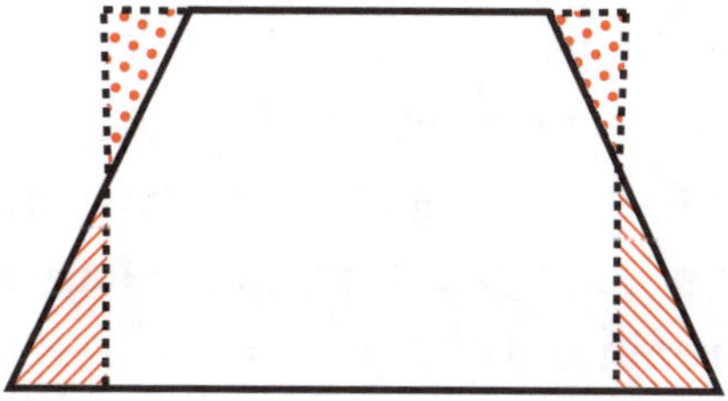

Entre las visiones más bien críticas sobre la geometría egipcia está la del filósofo atomista Demócrito, que menciona con ironía que Egipto estaba lleno de tensadores de cuerdas: eran los arquitectos y agrimensores que trazaban con cuerdas sobre el suelo los planos de sus edificios. Demócrito les criticaba por ser meros artesanos y no les consideraba verdaderos geómetras porque sostenía que no es suficiente conocer las áreas y volúmenes de las figuras, aprendidas de memoria, sino que hay que saber entender su origen y demostración y, sobre todo, saber razonar sobre las figuras geométricas. Pero eso tardaría en llegar, y no sería en Egipto donde se diese ese salto.

Según una creencia muy extendida, esos agrimensores usaban el triángulo pitagórico (3, 4, 5) para trazar triángulos rectángulos sobre el suelo mediante cuerdas subdivididas en 12 partes iguales. No hay constancia escrita ni testimonio que dé pie a esta leyenda, aparecida en el siglo XIX. De hecho, ningún problema de los papiros trata de triángulos más allá del cálculo de áreas, y no hay indicios de que en Egipto se conociese el teorema de Pitágoras. Esto no quiere decir, diga lo que diga Demócrito, que los egipcios fuesen malos geómetras. Algunas cosas, como se verá, las hicieron realmente bien.

El área del círculo

El cálculo de la superficie del círculo es uno de los grandes éxitos geométricos de los egipcios, que lograron una fórmula mucho mejor que la de todos los pueblos antiguos, incluyendo a los babilonios:

El problema 50 del *papiro Rhind* dice lo siguiente:

"Un campo circular tiene 9 varas de diámetro. ¿Cuál es su superficie? Debes sustraer de 9 su novena parte: queda 8. Ahora tienes que multiplicar 8 veces: sale 64. Esa es la superficie".

Esto quiere decir que el área de un círculo de diámetro 9 es la misma que la de un cuadrado de lado 8. Como el área del círculo es $A = \pi r^2 = \pi (9/2)^2$, afirmar que éste es 64 equivale a asignar al número π el siguiente valor:

$$\pi = 8^2/(9/2)^2 = (16/9)^2 \cong 3{,}1605 \cong 3 + 1/6$$

Este valor es, con mucho, el más aproximado que se dio en la Antigüedad anterior a la geometría griega (Arquímedes da uno mejor, 3 + 1/7). Pero, además, es importante observar que lo que obtiene en este problema para un círculo concreto lo extiende Ahmes sin modificación a cualquier otro, y concluye que el área de un círculo *cualquiera* es igual a la del cuadrado cuyo lado es 8/9 de su diámetro.

Hay muchas opiniones sobre posibles orígenes de esta fórmula. Quizá la más convincente sea la que se explica a continuación.

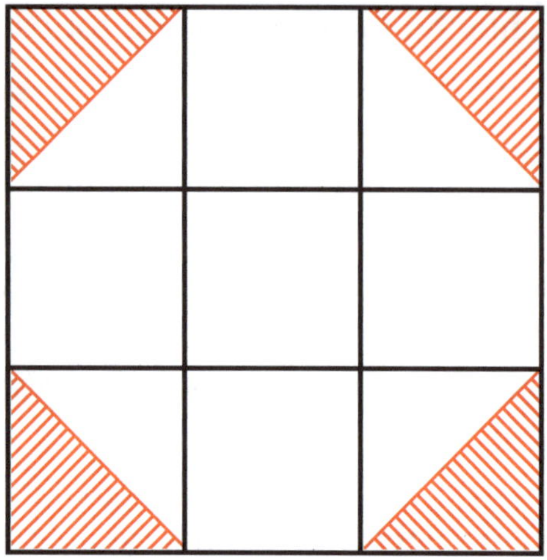

Dividimos un cuadrado de lado *d* en nueve cuadrados iguales, y de los cuadrados de las esquinas eliminamos su mitad (ver figura). Así, tenemos un octógono cuya superficie se aproxima a la de la circunferencia inscrita. A partir de aquí, debieron razonar de esta manera:

$$\text{Área del círculo} \cong \text{área del octógono}$$

$$7\frac{d^2}{9} = \frac{7\cdot 9}{9\cdot 9}d^2 \cong \frac{8\cdot 8}{9\cdot 9}d^2 = \left(\frac{8}{9}d\right)^2 = \frac{256}{81}\left(\frac{d}{2}\right)^2$$

La segunda igualdad es solo una aproximación (esto es lo que queremos decir con el signo $\cong$) y consiste en sustituir el 7 por un número un poco mayor (el 8) y, para compensar, sustituir el 9 por un número un poco menor (también el 8). El redondeo es un poco tosco, pero lleva al valor de π que aparece en el *papiro Rhind.*

¿Aparece π en la Gran Pirámide? ¿Y qué π?

Si, como creen algunos historiadores, es este valor aproximado de π el que se usó siempre en Egipto, quedarían desmentidas algunas de las leyendas sobre presuntas relaciones geométricas entre las distintas dimensiones de la Gran Pirámide. Por ejemplo, un tal John Taylor afirmo, en 1859, que el perímetro de la base es igual a la circunferencia cuyo radio es la altura de la pirámide. Esto sólo sería válida si tomásemos para π un valor aproximadamente igual a 22/7, pero este valor no aparece hasta mucho después de construidas de las grandes pirámides.

Se podría pensar que quien sabe calcular el área del círculo $A = \pi r^2$ es porque conoce π, y, por tanto, puede calcular también la longitud de la circunferencia $l = 2\pi r$. Pero no es así. La razón es que el número π juega *dos* papeles diferentes. En la actualidad sabemos que la constante que aparece en la fórmula del área del círculo y la que aparece el la de la longitud de la circunferencia son la misma. La coincidencia se debe a que existe una relación entre el área A de un círculo y la longitud l de su circunferencia:

$$A = \frac{lr}{2}$$

Así, a quien conozca esta fórmula le basta calcular una de las dos (A o l) para tener la otra.

Bueno, dirás, ¿y qué problema hay con este argumento? Pues que esta relación entre A y l es, en realidad, un teorema muy importante de Arquímedes que los egipcios no tenían por qué conocer. Y sin ella no hay manera de establecer la conexión entre áreas de círculos y longitudes de circunferencias.

¿Podría ser que los egipcios para calcular el área del círculo dieran a π el valor $(16/9)^2$ y para calcular la longitud de la circunferencia el de $3 + 1/7$? En tal caso, la afirmación de John Taylor podría ser cierta.

Algunos historiadores creen que hay evidencia de que los egipcios sí conocían la fórmula de la longitud de la circunferencia y, por tanto, que sabían que la constante que aparece en la fórmula de la superficie del círculo es la misma que aparece en la de la longitud de la circunferencia. Otros, sin embargo, consideran que los papiros que nos han llegado no permiten llegar a esa conclusión. Y esta situación es frecuente, pues interpretar correctamente un manuscrito antiguo puede ser muy complicado. Y para casos discutidos, el que viene ahora.

¿Sabían los egipcios calcular el área de la superficie esférica?

El papiro de Moscú contiene 25 problemas de tipo práctico muy parecidos a los del *papiro Rhind*, con dos excepciones fundamentales relacionadas con problemas geométricos en las cuales el nivel del papiro de Moscú es claramente superior al Rhind.

En el problema 14 se da la fórmula del volumen de un tronco de pirámide cuadrada, aunque nadie sabe cómo llegaron a ella. Curiosamente (¡y más tratándose de Egipto!), no se ha encontrado ninguna referencia directa al cálculo del volumen de la pirámide completa. Eso es aún más misterioso, pues lo más lógico es obtener primero el volumen de la pirámide y luego el del tronco de pirámide, restando los volúmenes de las pirámides cuya diferencia es el tronco de pirámide dado.

El problema 10 es más difícil de interpretar. Según algunos, en él se pide calcular el área de una cesta (redonda) de "apertura" (¿diámetro?) 4 + 1/2. Los cálculos del papiro y su resultado, que es 32, podrían corresponder a la superficie de una semiesfera de diámetro 4 + 1/2, siempre que tomemos para π el famoso valor $(16/9)^2$. Según Arquímedes (¡otro de sus grandes teoremas!), el área de la superficie esférica de diámetro

d es πd^2. Puedes comprobar que con $d = 4 + 1/2$ y el valor de π antes citado, el resultado es, efectivamente, 32. Si esto es así, los egipcios se habrían anticipado más de 1.500 años a la nada fácil obra de Arquímedes, lo cual resulta bastante difícil de creer.

Otra versión menos espectacular dice que el mismo número (32) representaría el área lateral de un semicilindro, una especie de teja. Este nuevo problema es mucho más fácil, siempre y cuando uno sepa calcular la longitud de la circunferencia, pues para calcular el área lateral bastaría multiplicar la circunferencia de la base por la altura del cilindro. Sea como sea, parece que estamos ante el cálculo del área de una superficie curva, lo que no es poca cosa, ya que, si se trata de la semiesfera, la dificultad geométrica de su cálculo es enorme, y si se trata de la teja, probaría que sabían calcular la longitud de una circunferencia.

Consideraciones finales

Como vimos en la introducción, los griegos atribuían a los egipcios la invención de las matemáticas. Y de hecho, la de todas las demás ciencias y artes, como la escritura, la medicina y la arquitectura. Hay también puntos de vista más críticos acerca esa opinión, como la de Demócrito y sus críticas a los tensadores de cuerdas. En general, los juicios sobre la calidad de la matemática egipcia pasaron desde la veneración más absoluta a un cierto menosprecio cuando se descifraron las tablillas mesopotámicas y se pudo comprobar que éstas mostraban unas matemáticas mucho más desarrolladas y ambiciosas. Quizá lo más prudente, como siempre, sea quedarse en un término medio.

De todas formas, para acabar con buen sabor de boca, aquí tienes la opinión favorable de un gran historiador de la ciencia, George Sarton:

"No sabe uno qué admirar más de los logros de Egipto: la gloria de su arte, los comienzos de la matemática y la medicina, la variedad y perfección de sus técnicas o el nacimiento de la conciencia moral.

Los hallazgos científicos fueron necesariamente menos desarrollados, mientras que los logros artísticos o religiosos pudieron alcanzar un clímax comparable a los de épocas posteriores.

Sin embargo, los matemáticos y médicos egipcios se hallaban en los peldaños inferiores de una escalera que aún estamos subiendo. Su posición era necesariamente baja, y si la nuestra es algo más elevada, a ellos, en parte, se lo debemos: fueron nuestros primeros guías y nuestros primeros maestros."

Y, por fin... ¡a Grecia!

4. LA MATEMÁTICA COMO PARTE DE LA FILOSOFÍA

Reflexiona un poco sobre estos textos:

"La Filosofía está escrita en ese gran libro del Universo, que está continuamente abierto ante nosotros para que lo observemos. Pero el libro no puede comprenderse sin que antes aprendamos el lenguaje y el alfabeto en que está compuesto. Está escrito en el lenguaje de las Matemáticas y sus caracteres son triángulos, círculos y otras figuras geométricas, sin las cuales es imposible entender una sola palabra. Sin ese lenguaje, navegamos en un oscuro laberinto".

GALILEO

"El milagro de la adecuación del lenguaje de las matemáticas para la formulación de las leyes físicas es un don maravilloso que ni entendemos ni merecemos. Deberíamos mostrarnos agradecidos por él y esperar que permanezca siendo válido en la investigación futura y que se extienda, para bien o para mal, para placer nuestro, aunque también tal vez para nuestra perplejidad, a ramas más amplias del saber".

E. P. WIGNER (Premio Nobel de Física 1963)

La aparición de una postura nueva sobre el conocimiento y su adquisición se asocia, con toda razón, a la cultura griega. Los pensadores griegos, insatisfechos con una religión oficial llena de dioses vengativos y tramposos, capaces de cualquier cosa menos de crear algo útil, pretendieron explicar el mundo sin recurrir a los mitos, sino asociando los fenómenos a causas naturales: la lluvia no son las lágrimas del dios de la lluvia, sino el agua de las nubes que cae a la tierra. La cosa, por supuesto, no es tan simple. El mito que asigna la lluvia a un dios no apareció para explicar la materialidad de las gotas que caen, sino por qué unos días caen y otros no.

Sin embargo, esta búsqueda no se debe a que estos griegos fuesen unos descreídos. Al contrario, su explicación del mundo se basa en una fe inquebrantable en el poder de la razón, en la certeza de que el mundo no puede ser un juguete en manos de unos dioses caprichosos, sino un mecanismo que funciona siguiendo leyes sencillas y claras que la mente humana puede llegar a conocer. Cuando el físico Wigner habla de la "inexplicable eficacia de las matemáticas en las ciencias físicas y naturales" no hace más que reflejar su admiración por aquellos filósofos de la Grecia clásica, quienes creyeron que los mecanismos que mueven el mundo se pueden explicar apelando exclusivamente a cosas pertenecientes al mismo, sin recurrir a fuerzas externas a él (lo que llamamos *explicación natural de los fenómenos*), que las leyes que los rigen las podemos llegar a conocer, y que estas leyes son simples cuando se saben expresar en el lenguaje adecuado. Como dice Galileo en la cita anterior, dicho lenguaje es el matemático, y eso fue también un gran descubrimiento de los griegos.

Esto se suele llamar *milagro griego* porque esta postura activa y valiente ante el conocimiento la adopta un minúsculo pueblo, rodeado de culturas milenarias mucho más desarrolladas militar, tecnológica y socialmente. Y el milagro consistió en que fuese esa actitud minoritaria la que consiguiese imponerse finalmente a las explicaciones mítico-religiosas, las únicas que aquellas grandes y poderosas culturas supieron aportar a la humanidad.

Un poco de historia de la Grecia antigua

En el mar Egeo, la parte oriental del mar Mediterráneo, y por la misma época de la construcción de las Grandes Pirámides de Egipto, empezó a destacar la importante *civilización cretense*, centrada en la isla de Creta. Por su propia característica insular, no le quedó más remedio que extenderse por el mar, convirtiéndose así en el primer imperio marítimo conocido. Pero, a diferencia de sus vecinos, su base económica no fue la invasión (pacífica o violenta) de otros países, sino el comercio con ellos. Alcanzó su máxima extensión e importancia en la época del mítico rey Minos, contemporáneo de la Dinastía XVIII de Egipto (1580-1350 a.C.), del cual procede el nombre de *cultura minoica* que también se da a la cretense. Su escritura no ha sido descifrada, por lo que desconocemos su literatura y sus aportaciones científicas.

Parece que, además de pacífico, el pueblo cretense era bastante desenfadado y amigo de la diversión. Si has leído la novela *Sinuhé el egipcio*, del finlandés Mika Waltari, recordarás cómo, en la narración de sus viajes por el Próximo Oriente, el médico egipcio Sinuhé nos cuenta lo bien que vivían los cretenses, sobre todo

cuando los compara con sus vecinos, los *hititas* (pueblo dominante de Anatolia, la parte asiática de la actual Turquía), que eran bruscos y belicosos, parecidos a los *espartanos* de la Grecia del milenio siguiente.

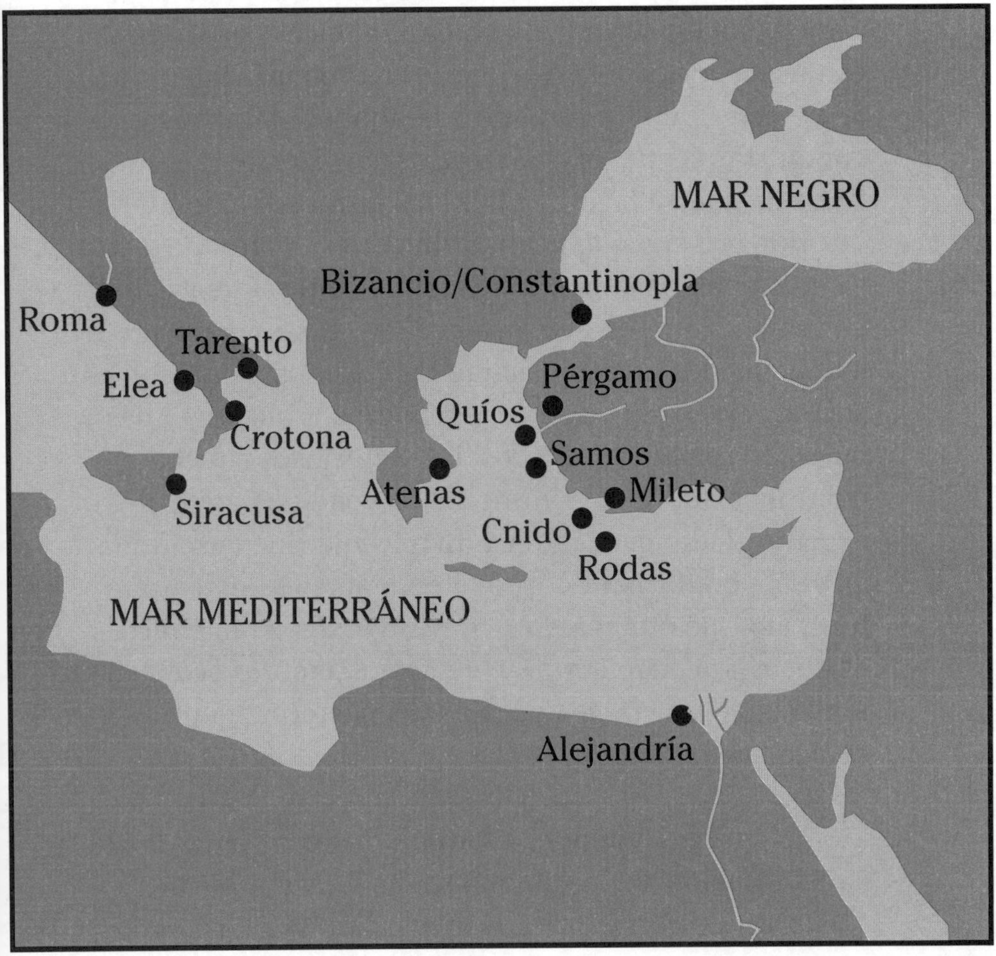

A consecuencia de diversos terremotos e invasiones el imperio cretense cayó en poder de algunos de los pueblos de lengua griega (*aqueos, jonios* y *eolios*) a los que había sometido anteriormente y que, procedentes del sur de la Península Balcánica (actuales Albania, Macedonia y sur de Bulgaria), habían empezado a desplazarse lentamente hacia del sur: es el *dominio micénico* (1500-1200 a.C.), con capital en Micenas, en la península griega del *Peloponeso*. La tribu más importante de este grupo era la de los aqueos, famosos por conquistar la ciudad de *Troya,* al noroeste de Turquía, tras una guerra interminable magistralmente contada por Homero en *La Ilíada,* la primera obra literaria griega. Los pueblos micénicos estaban culturalmente más atrasados que los cretenses y sus costumbres eran mucho menos civilizadas que las de éstos. Pero, como sucedió antes con acadios y sumerios, y sucederá después con romanos y griegos, los victoriosos aqueos asimilaron la superior cultura de los vencidos cretenses, excepto el idioma. La escritura micénica fue descifrada en 1952, confirmando que, efectivamente, estos pueblos, aunque étnicamente muy diversos, eran *griegos*, es decir, *hablaban griego* y tenían costumbres semejantes a las de los griegos de la época posterior, que conocemos mucho mejor.

Muy poco tiempo les iba a durar a los aqueos la celebración de la conquista de Troya: a partir del 1200 a.C., los *dorios,* griegos muy primitivos y violentos

La puerta de los leones en Micenas.

del norte de los Balcanes y que dominan el hierro, lo usan para derrotar a los aqueos y demás pueblos micénicos (cuyas armas eran de bronce) y se adueñan de casi toda Grecia, Creta incluida: son las invasiones dóricas. Pero no son los aqueos, jonios y eolios los únicos derrotados: junto con los dorios, oleadas imparables de gentes de los que sabemos muy poco, y que los historiadores denominan "pueblos del mar", arrasan las costas y remontan los ríos de todo el mediterráneo oriental, provocando el total hundimiento del Imperio Hitita y casi el de Egipto. Los más conocidos de estos fieros navegantes son los *filisteos* (o *palestinos*), que aparecen en la Biblia como conquistadores de la ciudad de *Gaza*, y que fueron derrotados primero por el forzudo hebreo Sansón y después por el rey David. Se inicia así la llamada *Edad Oscura* o *Edad Media* de la Antigüedad (1200-800 a.C.), que, como los primeros siglos de la Edad

Media europea (500-1000 d.C.), se caracteriza por la sucesión incesante de migraciones y guerras, el auge de las organizaciones políticas de tipo feudal y militarista y el colapso total de la cultura escrita y las expresiones artísticas. En este período, el Mediterráneo, vacío ya de cretenses, se llena de navegantes griegos y fenicios (comerciantes infatigables, parientes lejanos de acadios, babilonios y asirios, que ocupaban *Fenicia,* el actual Líbano). Unos y otros se hacen la competencia en todas las costas: por ejemplo, el norte del mediterráneo español es para los griegos (Empúries), y el sur para los fenicios (Cádiz y Málaga). A los fenicios les debemos la invención del alfabeto, que redujo el número de símbolos de escritura a una cantidad pequeñísima. El alfabeto fenicio no tiene vocales, que son una creación posterior de los griegos.

Empujados por los invasores dorios, las otras tribus griegas (eolios y jonios) emigraron en masa, conquistando y fundando ciudades en Asia Menor (costa turca e islas adyacentes) agrupadas en regiones llamadas Eolia (al norte, en la zona de Troya) y Jonia (en el centro). Los propios dorios, tras invadir Creta, se desplazaron también al Asia Menor, fundando Doria en el sur, que incluía la isla de Rodas. Las colonias griegas más importantes desde el punto de vista cultural fueron las jónicas, y, entre ellas, Mileto, la capital de Jonia. A lo largo del siglo VIII a.C., las colonias griegas y fenicias ya se extienden por todo el Mediterráneo: los fenicios fundan Cartago, y los griegos,

Marsella. Pero en la Grecia continental ha quedado un refugio jónico que los dorios no han podido conquistar: una región muy pobre y montañosa llamada Ática, cuya capital, Atenas, jugará un papel decisivo en siglos posteriores.

La complicada geografía de Grecia obligó a sus habitantes a agruparse en ciudades-estado (como los sumerios) que casi nunca colaboraban entre ellas. Aun así, se celebran en 776 a.C. los primeros Juegos Olímpicos, símbolo de la unidad cultural de la Hélade, la *nación* griega, y en ese período se suspenden las interminables guerras entre las ciudades. Entre éstas, las de origen dórico (como *Esparta*) estaban usualmente regidas por el grupo aristocrático y terrateniente, que ejercía una verdadera dictadura militar sobre los demás ciudadanos, que carecían de derechos civiles. En cambio, en Atenas, la capital jónica, las reformas político-jurídicas de Solón (594 a.C.) y la revolución contra los aristócratas encabezada por Clístenes (508 a.C.) llevaron al poder a las clases medias de comerciantes y artesanos, inaugurando la *polis,* ciudad-estado en la que los ciudadanos tienen derechos escritos (estado de derecho) e intervienen directamente en el gobierno (sistema democrático). Ambos ideales políticos, y la prueba palpable de la posibilidad de llevarlos a la práctica, constituyen los legados fundamentales de la cultura griega a la humanidad en los ámbitos político y social.

Las ciudades-estado sólo se unieron temporalmente ante la amenaza exterior. En particular, la expansión del Imperio Persa iniciada por Ciro el Grande el 560 a.C. suponía un peligro inminente. Con grandes dificultades, Atenas consiguió confederar a la mayoría de las ciudades griegas y derrotar a los persas en la famosa batalla de Maratón (490 a.C.), así como en el posterior combate naval de Salamina, en el que la flota persa fue aniquilada. En la conciencia colectiva occidental, esta victoria de Grecia sobre Persia se ha interpretado frecuentemente como el momento decisivo en el nacimiento de la cultura europea como elemento independiente de las civilizaciones orientales, incluso como ejemplo del modo de ser europeo (democrático, individualista y emprendedor) sobre el carácter necesariamente gregario de las poblaciones sometidas a la tiranía en los imperios orientales. Hoy en día estas afirmaciones tan tajantes ya no se hacen, pues se piensa que hay muchas cosas a tener en cuenta y que no se puede hablar de la *manera de ser* de todo un pueblo, pero es bueno conocerlas, pues ayudaron a establecer el inmenso prestigio que la Grecia antigua ha tenido siempre entre los ciudadanos de los países de la llamada cultura occidental. En los siglos VII y VI a.C., las colonias jónicas de Asia Menor, sobre todo su capital Mileto, gozan de gran nivel económico y prestigio como lugares de paso de las caravanas a Oriente. Al mismo tiempo, el faraón autoriza la fundación en el delta del Nilo de la colonia griega de Naucratis, que tendrá un papel decisivo en la relación cultural entre Egipto y Grecia. La sabiduría oriental es recibida y aprendida por una población de espíritu atrevido y curioso, pionero y negociante. Los mercaderes griegos entran en contacto con la ciencia de Oriente, la asimilan rápidamente y, lo que es más importante, se la replantean. No es, pues, una clase sacerdotal (como en Egipto) o funcionarial (Mesopotamia) la que lleva a cabo esta esencial labor de transmisión y reelaboración, sino unos comerciantes libres y sin prejuicios.

Tales de Mileto

Según la tradición, este proceso empieza con Tales de Mileto. Esta colonia griega en la costa turca del mar Egeo se hallaba en una posición ideal para establecer contacto, tanto comercial como cultural, con los grandes imperios orientales. Tales es el primero de los famosos *siete sabios de Grecia*, y comienza con él una verdadera revolución cultural que se replantea radicalmente todos los aspectos de la vida humana, desde el conocimiento y descripción racional del mundo hasta la organización racional de la sociedad mediante leyes justas e igualitarias. En cuanto al saber, Tales y sus sucesores reflexionan sobre el volumen de observaciones y conocimientos acumulados a lo largo de generaciones tanto en Egipto como en Mesopotamia (y algo menos en la India) y dan el paso de gigante que va de la descripción de los fenómenos a su explicación natural. Es verdad que muchas de dichas explicaciones hoy no nos resultan convincentes, pero en esencia y en espíritu eran certeras.

A la sombra de las pirámides

Cuentan algunos historiadores que Tales dejó asombrados a los sacerdotes egipcios y al propio faraón cuando les mostró cómo averiguar la altura de una pirámide simplemente midiendo su sombra. Según una de las versiones, Tales esperó a la hora del día en que su sombra fuese tan larga como su estatura, y dirigiéndose a los sacerdotes, les dijo lo siguiente: *"En este preciso momento, igual que me pasa a mí, la sombra de la pirámide es también tan larga como su altura. Daos prisa y medid su sombra: así no tendréis que levantar un palmo del suelo para obtener la altura de la pirámide"*.

Lo que hace Tales es comparar el triángulo rectángulo formado por él mismo (de pie), su sombra y la hipotenusa con el correspondiente triángulo formado por la vertical que pasa por el vértice de la pirámide, su sombra y la hipotenusa (ver figura). El triángulo pequeño, el de Tales, además de rectángulo es isósceles, pues los dos catetos miden lo mismo. Y como el Sol está tan lejos que podemos suponer que sus rayos son paralelos, el triángulo grande también debería ser isósceles, como sostiene Tales.

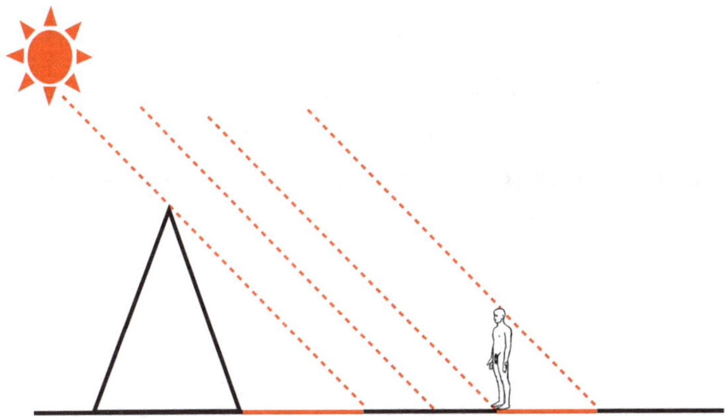

Se trata, pues, de una noción muy sencilla y fácil de visualizar: la *semejanza de triángulos.* Dos triángulos son semejantes cuando tienen la misma forma, aunque tengan tamaños distintos. ¿Y cómo se mide la *forma* de un triángulo?: mediante sus ángulos. Pero entonces, ¿cómo pasamos la información de la igualdad de los ángulos a los lados? Muchos piensan que fue Tales el primero que llevó a cabo esta transferencia, concluyendo que si los ángulos de dos triángulos son correlativamente iguales, los lados correlativos deben ser proporcionales. Fíjate que la igualdad de ángulos permite *mover* un triángulo dentro del otro, como puedes ver en la figura que viene a continuación.

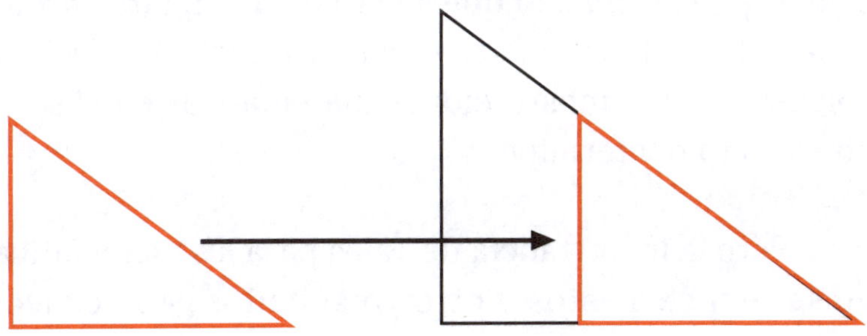

Tales también observó que los ángulos opuestos por el vértice son iguales, como puedes ver en la figura, y que si un triángulo tiene dos lados iguales, también tiene iguales dos ángulos.

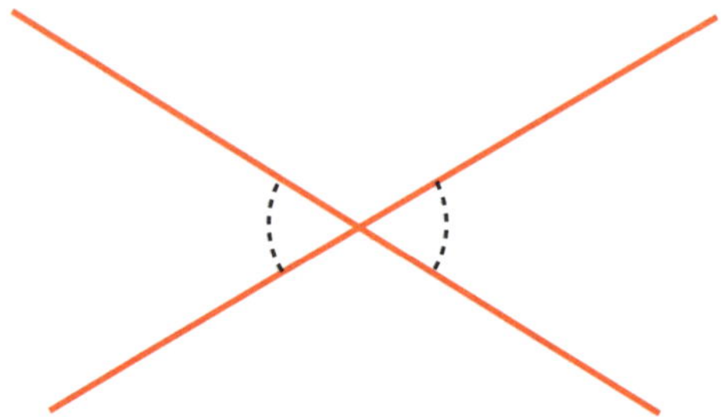

Estos y otros resultados de Tales son de tipo visual, y si no los demostró, los *mostró*, es decir, convenció a sus contemporáneos que se trataba de evidencias, casi siempre basadas en mover las figuras por el plano. La necesidad de demostrar surge cuando para convencer no basta mostrar. La gran aportación de los griegos a la matemática es precisamente ésta: es necesario asegurarse de que lo que parece cierto, incluso evidente (*e-vidente*: lo que se ve) en una figura trazada a mano lo es de verdad en una figura perfecta. Y en eso consisten las demostraciones matemáticas en el sentido estricto del término.

Pero la importancia de Tales para las matemáticas no se reduce a estos y otros resultados geométricos, por muy interesantes que sean. Su aportación esencial es que, además de iniciador de las matemáticas en Grecia, fue el fundador de la filosofía como actitud mental más que como rama del saber establecido, paso que vendrá después. Su intento de explicar el mundo mediante un principio unificador y generador de todo, el agua, es el comienzo de de toda una serie de explicaciones alternativas, mejoras y replanteamientos encaminados en la misma dirección: explicar la realidad cada vez mejor, reduciendo las excepciones al mínimo posible y dando cuenta de más y más fenómenos, y usando siempre explicaciones naturales.

Pitágoras de Samos

Tras los pasos de Tales, la verdadera fundación de la matemática la llevan a cabo Pitágoras y su escuela. Baste indicar que a ellos se deben las propias palabras *matemática*, *filosofía*, *cosmos* y muchas otras.

Pitágoras sustituye el principio material de Tales (el agua) por un principio formal o mental, que afecta a la forma de las cosas (cómo son), y no a su sustancia (de qué están hechas). Ese principio es el número entero. Lo que distingue a unas cosas de otras no es si el agua está más o menos condensada en ellas, sino en que cada una tenga asociado un número distinto. Pero,

¿qué número? La escuela atomista, más adelante, dará a dicho número un sentido nuevamente físico o material, como número de átomos del objeto en cuestión. En el pitagorismo dicha asociación es mucho más vaga. Los pitagóricos se daban sin tapujos a la *numerología*, hasta tal extremo que para concertar un matrimonio entre dos miembros de la comunidad pitagórica había que ver primero cuáles eran sus números asociados y estudiar si dichos números se llevaban bien.

La primera asociación de la realidad con el número surge en el estudio de la armonía musical: los principios por los cuales ciertos acordes y melodías suenan bien y otros suenan mal. Se cuenta que Pitágoras, intrigado ante el hecho de que los golpes que daba su vecino el herrero producían sonidos diferentes, y pensando que eso se debía a la distinta fuerza con la que aquél golpeaba el yunque, se puso a experimentar con objetos más manejables: las cuerdas de un instrumento musical, como la lira o el arpa. Y dedujo que, contra lo que había pensado al principio, la nota emitida por la cuerda al vibrar no dependía de la fuerza con que se tocase sino de la longitud de la propia cuerda: si se divide una cuerda en dos partes iguales, pinzándola por el medio, la nota resultante es una *octava* superior a la de la cuerda completa. Así, la vibración de ésta produce un *Do,* la de la mitad produce el *Do* de la escala siguiente, los 2/3 produce el *Sol* y los 3/4, un *Fa*:

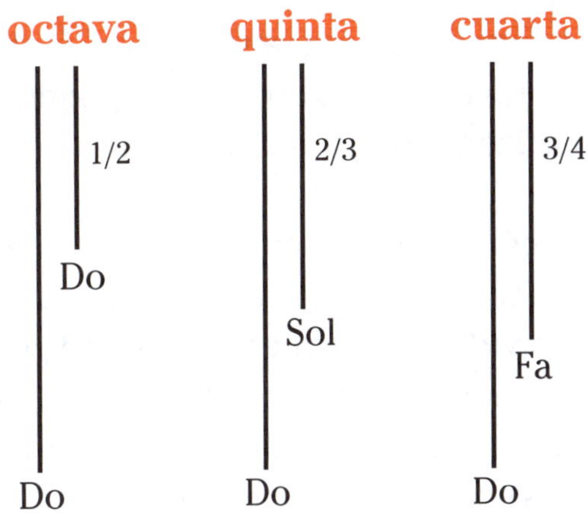

Así que se puso a experimentar pulsando pares de cuerdas de diferentes longitudes, produciendo así acordes, y llegando a una conclusión asombrosa: para que el acorde suene bien, sea *consonante*, es necesario que la proporción entre las longitudes de las cuerdas venga dada por números pequeños (2 y 3, 3 y 4, etc.), mientras que si dicha proporción corresponde a números grandes el acorde es *disonante*, suena mal.

Aparece aquí, como en Tales, la noción de proporción, quizá la más importante de la matemática griega: consideremos un violín y un contrabajo, que es como un violín pero unas 4 veces más grande. Si en el violín tocamos a la vez dos cuerdas de longitudes 40 cm y 60 cm obtendremos un acorde de quinta, pues 40 son los 2/3 de 60. En el contrabajo, las longitudes de las mismas cuerdas serían, digamos, 40 x 4 = 160 y 60 x 4 = 240, pero el acorde que oiríamos sería el mismo, el de quinta. Eso sí, al ser las cuerdas más largas nos sonaría más grave. De hecho, dos octavas más grave: en un piano, correspondería a llevar las manos a la izquierda 16 notas blancas.

Los pitagóricos dicen que cuatro números *a, b, c, d* son *proporcionales,* o que *a* y *b están en la misma proporción* que *c y d*, cuando *a* es la misma fracción de *b* que *c* de *d.* Por ejemplo, si *a* es el triple (o la mitad, o los dos tercios) de *b*, *c* ha de ser el triple (o la mitad, o los dos tercios) de *d*. Se lee "*a* es a *b* como *c* es a *d*" y se denota $a : b = c : d$ o también $a / b = c / d$.

La regla del *producto de medios igual a producto de extremos* que nosotros usamos no es la más habitual entre los pitagóricos, pues, para ellos, no pasa de ser una mera comprobación y no les explica el porqué de la igualdad. Ellos preferían otro método. Por ejemplo, veamos que "15 es a 12 como 20 es a 16" porque15 son las cinco cuartas partes de 12, y 20 son también las cinco cuartas partes de 16. Por tanto, 15 son las *mismas partes* de 12 que 20 de 16, y se tiene la proporcionalidad buscada.

El algoritmo de Euclides

El método empleado por los griegos para obtener el máximo común divisor de dos números se puede utilizar también para magnitudes geométricas, sobre todo los segmentos. Y eso es muy importante por la conexión número-figura que hemos comentado ya varias veces. Se llama *algoritmo de Euclides* por estar explicado en el libro *Elementos de Geometría*, escrito por Euclides hacia el año 300 a.C, aunque el método era conocido por los pitagóricos ya un par de siglos antes.

Dadas dos cantidades numéricas o geométricas, se trata de obtener su *mayor medida común*: si son números, será su máximo común divisor, si segmentos, el mayor segmento que quepa un número entero de veces en ambos.

El algoritmo de Euclides procede de esta manera: Dados a y b, con $a > b$:

1) Para números enteros:

Si a / b es entero, b es el máximo común divisor. Si no es así, a / b dejará un resto r_1, forzosamente menor que b. Entonces el menor (b) pasa a ser el mayor, el resto r_1 pasa a ser ahora el menor y repetimos el proceso: si b / r_1 es entero, r_1 es el máximo común divisor, si no es así, dejará r_2, y continuamos el proceso.

2) Para segmentos:

Si b está contenido en a un número exacto n de veces, entonces b mide a a (n veces). Entonces, b es la *medida común* buscada.

Si no es así, *a* contiene *n* veces a *b* y le sobra un segmento r_1 que ya no cabe en *b*. Entonces el menor *b* pasa a ser el mayor, el menor es ahora el resto r_1 y repetimos el proceso: vemos si r_1 mide a *b*, o si deja un resto r_2.

Por ejemplo, el máximo común divisor de 945 y 675 es 135, pues la división de 945 entre 675 deja de resto 270. La de 675 entre 270 deja de resto 135. La de 270 entre135 deja de resto 0. Entonces, *m.c.d.*(945,675) = 135.

Si aplicamos estos cálculos al estudio de la proporción 945/675, vemos que 945/135 es entero y vale 7, 675/135 es entero y vale 5, luego "945 es a 675 como 7 es a 5", que llamamos expresión irreducible de la proporción 945/675.

Para comprobar que 945/675 = 203/145, veríamos que el máximo común divisor de 203 y 145 es 29, que 203/29 = 7, 145/29 = 5, y, por tanto, 203/145 = 7/5, que es la misma proporción antes hallada. Como ambas razones tienen la misma expresión irreducible, son proporcionales.

La proporción geométrica

Aquí entra la relación con Tales y su geometría. Dijimos antes que dos rectángulos son semejantes cuando tienen el mismo aspecto, cuando tienen la misma forma pero distintos tamaños. ¿Y en qué consiste dicha semejanza, exactamente? Pensemos en dos rectángulos de lados 40 y 60, y 160 y 240. Si tienen el *mismo aspecto* es porque sus lados mantienen la proporción: 40/60 es igual a 160/240, porque ambas son iguales a 2/3. La conexión con la idea de proporcionalidad de Tales está en el triángulo rectángulo, que no es más que una de las dos mitades en que una diagonal divide a un rectángulo:

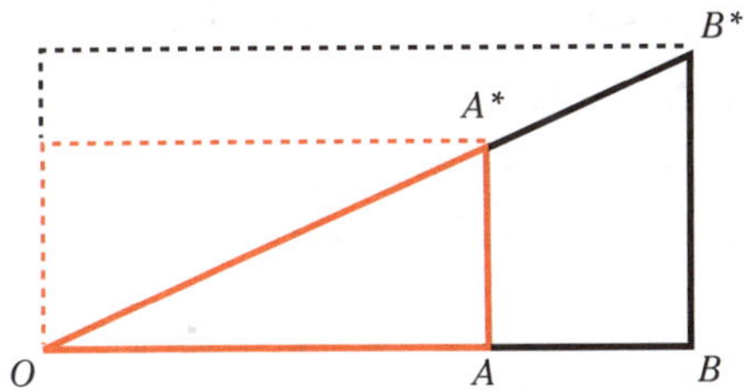

Por tanto, para saber si los dos triángulos son semejantes, bastaría estudiar la proporcionalidad de los lados:

$$\frac{OA}{OA^*} = \frac{OB}{OB^*} = \frac{AB}{A^*B^*}$$

Fíjate que éste es el viaje de vuelta del que inició Tales. Él partía de sus datos: la igualdad de ángulos (generalmente por algún motivo muy claro, como el paralelismo de los rayos solares y aquellas cosas que vimos antes) y llegaba a la proporcionalidad de los lados. En cambio, ahora vamos de los lados (que son nuestros datos) a los ángulos. Esta *vuelta a Tales* nos da una manera visual de estudiar la proporcionalidad 945/270 = 203/145 sin necesidad de tantos cálculos. Eso sí, tendremos que trazar las figuras con toda precisión: fíjate en la figura anterior y traza segmentos de longitudes *OB* = 945 y *OA* = 270. Ahora, en vertical, BB* = 203 y AA* = 145. Si *O, A* y *A** están alineados, la proporcionalidad es cierta. Si no lo están, es que es falsa.

Como la precisión absoluta es imposible, sólo la comprobación aritmética nos da verdadera garantía de verdad. Pero la explicación que entendemos más, porque *salta a la vista*, desde Tales hasta hoy, es la geométrica.

El número de oro

Un segmento se puede dividir en dos trozos sin más que pintar un punto entre sus extremos, como se puede ver en la figura. Los pitagóricos pensaban que si esto se hacía de tal manera que la parte pequeña es a la mediana como la mediana a la longitud del segmento total, esta partición era la más bella posible. Esta relación común fue llamada por Kepler, muchos siglos después, el *número de oro*, y a esa manera de dividir el segmento, la sección *áurea*.

En la figura inferior verás que si construimos un rectángulo cuya altura es el segmento mayor de la sección áurea de la base, y le quitamos el cuadrado de la izquierda, el rectángulo que queda, el rayado en rojo, es semejante al rectángulo grande.

Para un pitagórico, éste es un rectángulo perfecto, por tener esta propiedad, que es exclusiva suya. Hazlo con un rectángulo cualquiera que elijas al azar y verás que no se cumple. El frente de muchos templos griegos, entre ellos el Partenón, tiene la forma de este rectángulo. Los arquitectos, pintores y artistas de todos los tiempos han valorado siempre la perfección de los rectángulos con estas proporciones

¿Y cuanto vale el número de oro? Si tomamos como unidad el propio segmento *AB*, es igual a la longitud ϕ del segmento mediano. Entonces:

$$\frac{\phi}{1}=\frac{1-\phi}{\phi}$$

Eliminando denominadores llegamos fácilmente a la ecuación de segundo grado $\phi^2 + \phi - 1 = 0$, cuya solución positiva es el número de oro:

$$\phi = \frac{\sqrt{5}-1}{2} = 0{,}618033988\ldots$$

Este número, pronto lo veremos, sale hasta en la sopa. Es, además, el número favorito de *astrólogos* y otros visionarios.

El pentagrama místico

El símbolo de su comunidad pitagórica era la figura que puedes ver a continuación, formada por el pentágono regular y sus cinco diagonales. ¿Por qué tomaron esta configuración como emblema? Porque tiene algunas propiedades realmente fascinantes.

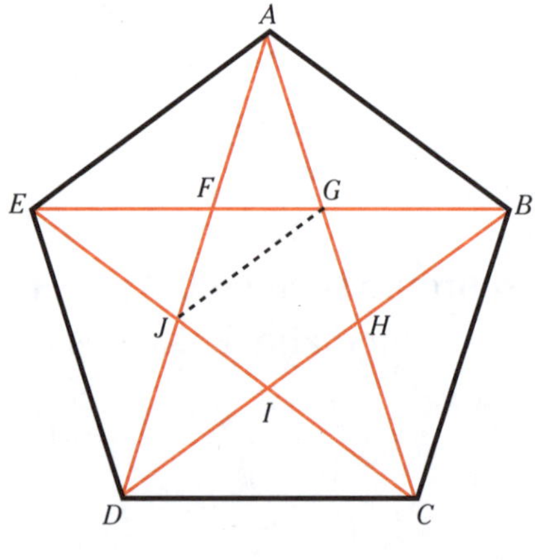

Por ejemplo, y esto lo puedes demostrar tú mismo, todos los ángulos que aparecen en ella son 36º, 72º y 108º, todos ellos múltiplos del más pequeño. Pero además, y esto es lo más sorprendente, *la razón entre cada segmento y el inmediato superior es siempre la razón áurea*. Estos segmentos, en orden decreciente, son $AD = m$ (la diagonal del pentágono), $AE = n$ (el lado el cual, por ser el triángulo *AJE* isósceles, es igual a *AJ*), $AG = p$ (el cual, por ser *AGJ* isósceles, es igual a *GJ*, la diagonal del pentágono pequeño, aunque esta diagonal no forma parte del emblema pitagórico, es tan solo una línea auxiliar) y $FG = q$ (el lado del pentágono pequeño). Como la razón entre el lado y la diagonal es la misma en cualquier pentágono regular, tenemos que $n / m = q / p$. Y por ser semejantes los triángulos *AJG* y *JFG*, sucede que $p / n = q / p$. De este modo ya tenemos la cadena de relaciones:

$$\frac{n}{m} = \frac{p}{n} = \frac{q}{p}$$

Solo falta demostrar que cualquiera de ellas es el número de oro, pero esto es fácil. Obviamente, $p = m - n$, $q = 2n - m$, en consecuencia:

$$\frac{n}{m} = \frac{2n - m}{m - n}$$

Eliminando denominadores:

$$n^2 + mn - m^2 = 0$$

Divides todo por m^2 y tienes lo siguiente:

$$\left(\frac{n}{m}\right)^2+\frac{n}{m}-1=0$$

La relación n / m es solución de la misma ecuación que nos proporcionó el número de oro, luego es igual a éste. Increíble pero cierto.

El escándalo de los irracionales

Se suele describir con este título el lío en que se metieron los geómetras pitagóricos cuando intentaron calcular la proporción áurea en términos de números enteros. Para ello, es necesario obtener un segmento u que sirva de unidad común a las longitudes AC y AB del rectángulo, de forma que $AC = mu$ y $AB = nu$, siendo m y n números enteros con $m < n$. Entonces tendremos la expresión numérica buscada $AC / AB = m / n$. Pero antes de seguir adelante, observa la siguiente propiedad de las proporciones: *si u es divisor de tres de los términos de una proporción, también lo es del cuarto.* Es decir, si u divide a a, b y c, y se tiene $a / b = c / d$, entonces u también divide a d. Entonces, de la proporcionalidad característica del rectángulo áureo, deducimos que, si u es una medida común del lado grande y de la porción mediana, también lo ha de ser de la porción pequeña. Pero observa ahora el siguiente hecho fundamental: el proceso de extracción del cuadrado se puede repetir todo lo que quieras, como se ve en la figura.

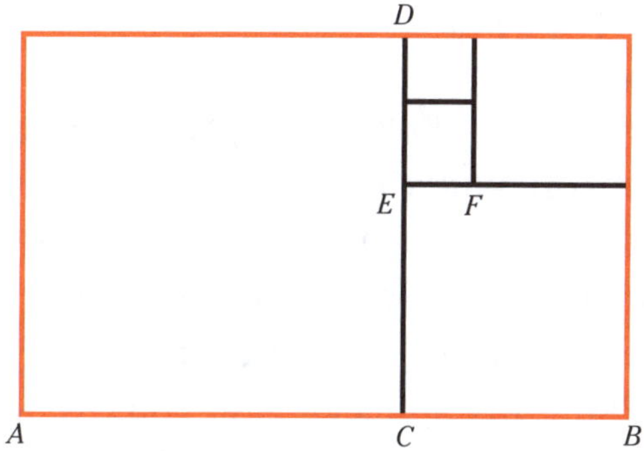

Todos los rectángulos así obtenidos son semejantes, en consecuencia la proporción entre el lado pequeño y el grande (que no es otra que la proporción áurea) es la misma en todos:

$$\frac{AC}{AB} = \frac{CB}{AC} = \frac{ED}{CB} = \frac{EF}{ED} = \ldots$$

Pero entonces, si u es una medida común de AC y AB, también lo es de CB, por ser el término que falta de la proporción, y por idéntica razón también lo es ED, y de EF, y así sucesivamente. Entonces u sería una medida común de *todos* los lados de los rectángulos áureos que se obtienen por la aplicación reiterada de este proceso, pero eso no es posible. Basta mirar al dibujo para ver que los sucesivos rectángulos son cada vez más pequeños, y en algún momento llegarán a ser más pequeños que la propia unidad *u*, que como medida o divisor, no puede ser mayor que lo que mide o divide. Luego no existe segmento *u* que sirva de medida común a *AB* y *AC*. En otras palabras, *AB* y *AC* son *inconmensurables*.

Entonces, si no podemos representar toda proporción mediante un número, es que no todo es número. ¡El principio pitagórico más característico, en el que basaban toda su doctrina, era falso! Encima, para mayor escarnio, el problema aparece en el pentagrama místico, la propia figura que Pitágoras había elegido como símbolo de su comunidad, y también en el rectángulo áureo, que debería representar la belleza visual máxima. Dice la leyenda que este descubrimiento lo efectuó un pitagórico llamado Hipaso de Metaponto, al cual no se le ocurrió mejor idea que andar por ahí revelando estos secretos. Aparte de la mala propaganda que esto suponía para la comunidad pitagórica, sus miembros tenían prohibido revelar nada de lo que se dijese o sucediese dentro de la comunidad. Así pues, Hipaso había pecado doblemente: había hundido el edificio pitagórico al destronar al número de su lugar central y, lo que es peor, lo había contado por ahí. En castigo, lo tiraron al mar. Pero no sufras, seguro que esta leyenda, como tantas otras, es falsa, y que lo más que se llevaría es un merecido castigo por cotilla.

Y no creas que este mal resultado se da en el pentágono por ser una figura algo rara: al cuadrado, la figura más regular imaginable, le pasa lo mismo: *la diagonal de un cuadrado es inconmensurable con su lado.* Así que el problema es, como ves, bastante serio: está en la propia raíz de los polígonos regulares.

Esta situación provocó una especie de *huida hacia la geometría*, ya que ante la falta de garantías de que los números pudiesen representar la proporción entre dos segmentos, dos áreas o dos volúmenes, se adoptó la radical solución de prescindir de los números y tratar directamente con los segmentos, áreas o volúmenes, efectuando con ellos construcciones geométricas sobre cuya validez no hubiese la más mínima duda. Estas son las construcciones con regla y compás, como la que vas a ver ahora mismo.

Medias pitagóricas

En su constante búsqueda de proporciones entre números enteros o entre segmentos, los pitagóricos se fijaron en ciertos valores intermedios que quizá pudieran explicar por qué ciertos acordes sonaban bien y otros mal. Los llamaron *medias* o *promedios*. En general, dados dos números a y b (o dos segmentos de longitudes a y b), una *media* entre ellos es un tercer número (o segmento) que forma con ellos una cierta proporción, considerada atractiva o interesante. Las más importantes son: la *media aritmética*, que es el número A tal que $a - A = A - b$; la *media geométrica* o *proporcional*, el número G tal que $a / G = G / b$, y *media armónica*, el número H tal que $(a - H) / (H - b) = a / b$.

En la actualidad definimos estas medias mediante fórmulas directas bien conocidas, que te animamos a comprobar a partir de las definiciones pitagóricas:

$$A = \frac{a+b}{2} \qquad G = \sqrt{ab} \qquad H = \frac{2ab}{a+b}$$

¿Y que sucede con la media geométrica si la raíz cuadrada no existe? Recuerda que para un pitagórico un número existe si es racional, esto es, expresable mediante una razón de números enteros. Pues entonces la media proporcional no puede ser considerada como un número, sino como un segmento. Y este segmento se puede construir de la forma que se explica a continuación.

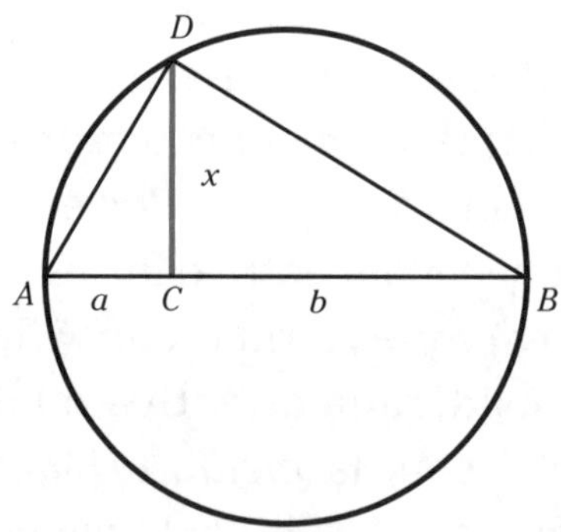

Dibujamos un segmento $AB = a + b$, y sobre él señalamos el punto C tal que $AC = a$ y $BC = b$. Después dibujamos la circunferencia de diámetro AB y la recta perpendicular a dicho diámetro en el punto C (ver figura anterior). Recta y circunferencia se cortan en un punto D, y el segmento $DC = x$ es la solución del problema segmento. En efecto, el ángulo de vértice D es recto, por estar inscrito en una semicircunferencia (ésto también fue descubierto por Tales) y, por tanto, los ángulos en A y B suman 90º (son *complementarios*). De aquí deducimos que los triángulos rectángulos BCD y ADC son semejantes, pues tienen dos ángulos iguales. Igualando la razón de los catetos pequeños a la de los grandes, obtenemos la proporción buscada: la altura es media proporcional entre los dos segmentos en que divide a la hipotenusa:

$$\frac{AC}{DC} = \frac{DC}{CB} \text{, es decir: } \frac{a}{x} = \frac{x}{b}$$

En definitiva, independientemente de raíces cuadradas y complicaciones parecidas, la media proporcional siempre existe dentro de la geometría. De ahí su nombre alternativo (y muy adecuado) de media geométrica.

La escuela de Pitágoras parecía bastante obsesionada con esta cuestión e investigó varias medias más. La mayoría no se usan en la actualidad pues no se les encuentra ninguna aplicación. Con todo, hay una propiedad muy bella que relaciona las medias aritmética y armónica: dados dos números *a* y *b* y sus medias aritmética (*A*) y armónica (*H*), siempre se cumple:

$$\frac{a}{A} = \frac{H}{b}$$

Es la llamada proporción *musical,* así llamada porque en el caso $a = 12$ y $b = 6$ es $12/9 = 8/6$, que contiene, emparejando de distintas maneras, cuerdas con longitudes 12, 9, 8 y 6 (que corresponden a las notas Do_1, Fa_1, Sol_1, Do_2) los intervalos básicos de la teoría musical pitagórica: la *octava* ($2/1 = 12/6$, corresponde a Do_1-Do_2), la *quinta* ($3/2 =$ $= 12/8$, corresponde a Do_1-Sol_1 y 9/6, que corresponde a Fa_1-Do_2), la *cuarta* ($4/3 = 12/9$, corresponde a Do_1-Fa_1 y 8/6 que corresponde a Sol_1-Do_2) y hasta la *segunda* (9/8, que corresponde a Fa_1-Sol_1), que es intervalo que separa dos notas consecutivas excepto Si-Do y Mi-Fa. Además, las tres medias guardan la siguiente relación:

$$\frac{A}{G} = \frac{G}{H}$$

De aquí sale una preciosa construcción geométrica simultánea de las tres medias, debida al gran geómetra Pappus de Alejandría, casi mil años posterior a Tales de Mileto. Mirar la figura siguiente, muy parecida a la anterior. La media aritmética de segmentos *AC* y *CB* es *DE*, por ser la mitad del diámetro; la geométrica, ya se vio, es *DE*; y la armónica es *DF*. Esto último es debido a la semejanza entre los triángulos *DCE* y *DCF*.

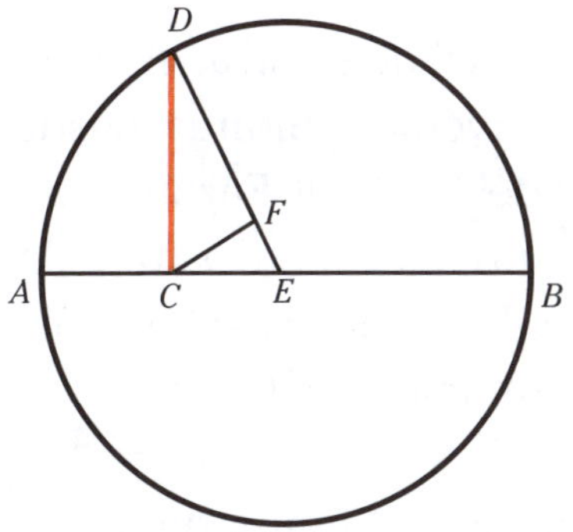

El Teorema de Pitágoras ¿descubrimiento universal?

No podemos hablar de Pitágoras sin mencionar su famoso teorema: *en todo triángulo rectángulo, el área del cuadrado construido sobre la hipotenusa es la suma de las áreas de los cuadrados construidos sobre los catetos.* La figura representa una de las situaciones más sencillas, en los que se puede comprobar su veracidad sin más que contar cuadrados.

Un hecho difícil de explicar es que este teorema aparece en las más diversas culturas, desde las construcciones megalíticas del Norte de Europa hasta la India y Mesopotamia. De su presencia en las tablillas babilónicas ya hemos hablado. Los chinos sabían demostrarlo, y desde muy antiguo, y también los hindúes.

De lo que no sabemos nada es de las posibles demostraciones que el propio Pitágoras o sus inmediatos sucesores dieron del teorema. En el ámbito griego, las que conocemos son muy posteriores a la época pitagórica. Lo que sí es importante es el uso tan peculiar que los geómetras griegos hicieron de él.

La aritmética visual pitagórica. Números figurados

Aunque los documentos de que disponemos son muy posteriores a la época de Pitágoras, parece ser que los pitagóricos, como consecuencia de sus ideas filosóficas sobre el número entero como base de todo, solían representar los enteros como colecciones de puntos o piedrecillas (*calculi* en latín, de donde proceden tanto la palabra *cálculo* como los temidos *cálculos* del riñón).

El 1, el 3, el 6 y el 10 se representaban como se ve en la figura, por eso los llamaban *números triangulares*

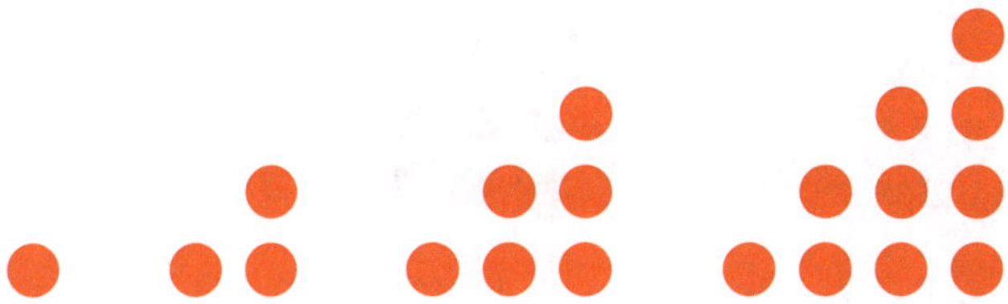

1   1 + 2 = 3   1 + 2 + 3 = 6   1 + 2 + 3 + 4 = 10

En cambio, el 4, el 9 y el 16 eran los *números cuadrados:*

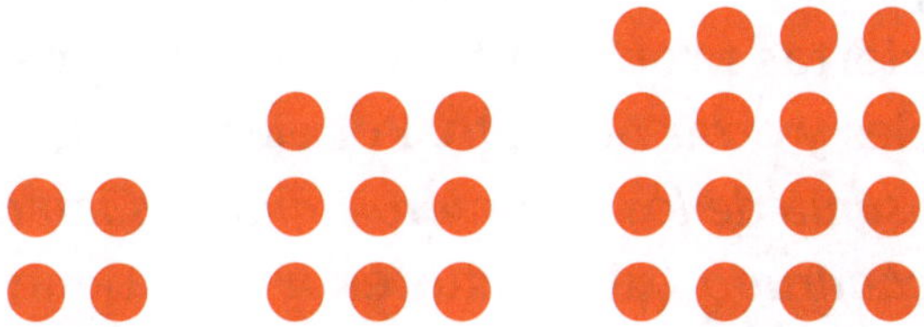

4 = 2 x 2   9 = 3 x 3   16 = 4 x 4

Los *pares* son los que se pueden organizar en dos filas iguales, y los *impares* los que no:

Y es obvio, a la vista de estas configuraciones, que la suma de dos pares es par, y que la de dos impares también es par. Pruébalo.

El producto de dos números se obtiene construyendo un rectángulo de tantas filas como el primer factor y tantas columnas como el segundo. Por ejemplo, 3 x 4 está representado por la configuración de la figura:

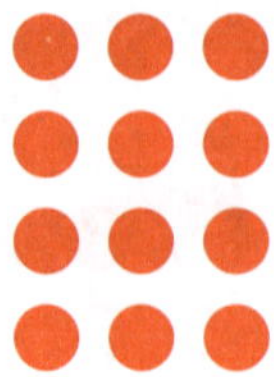

Cuando los dos factores son números consecutivos, como en este caso, al producto lo llamaron número *oblongo*. La reflexión visual llevó a los pitagóricos a obtener ciertas propiedades de los números, algunas muy simples y otras no tanto. Por ejemplo, la afirmación de que *la suma de los n primeros números impares es un número cuadrado* (de hecho es n^2) no tiene nada de obvio, ni siquiera es creíble a primera vista. Sin embargo, la demostración pitagórica es clarísima:

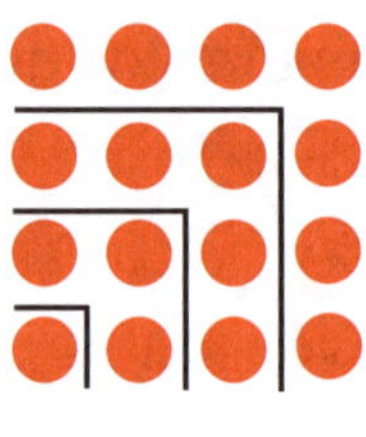

También lo es esta otra: la suma de dos números triangulares consecutivos es un número cuadrado:

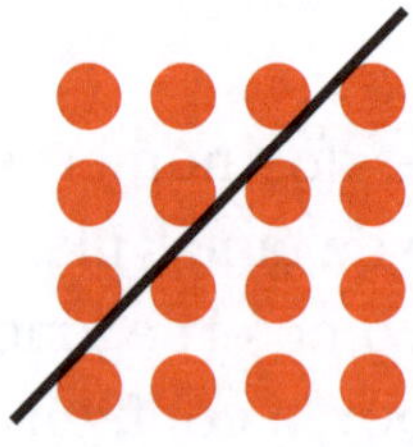

También consideraron los pitagóricos ciertas configuraciones espaciales. Un número producto de tres factores es un número *sólido*:

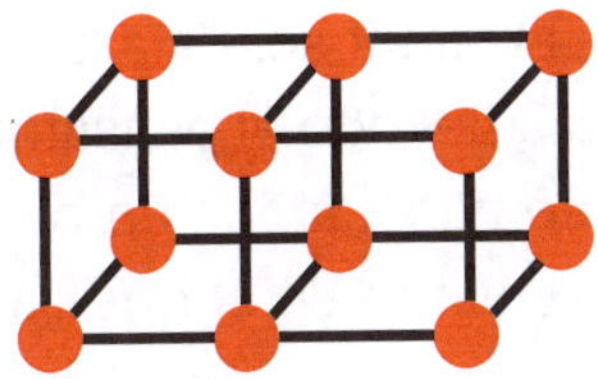

Si los factores son iguales, es un número *cúbico*:

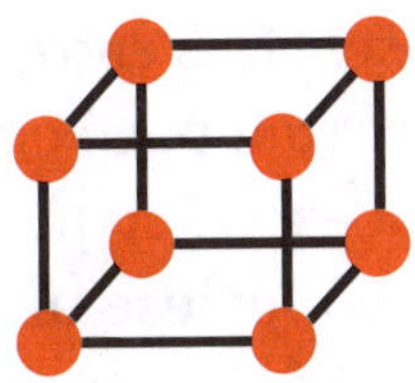

Astronomía

Como ya dijimos, Pitágoras quedó tan impresionado con su descubrimiento de las armonías musicales que supuso que el Universo entero funcionaba siguiendo leyes sencillas basadas en relaciones numéricas. A ese Universo organizado por el número lo llamó cosmos. Supuso que los planetas están fijados a esferas que giran alrededor de la Tierra con velocidad uniforme, y los distintos planetas, el Sol, La Luna y la esfera de las estrellas fijas giran cada uno en su esfera. Y los radios de dichas esferas y las velocidades de giro son tales que el sonido emitido por ellas (pero que, según Pitágoras, no percibimos porque estamos acostumbrados a oírlo desde pequeños) es especialmente armonioso. Esta *armonía de las esferas* es una de las claves de todo el pensamiento de los pitagóricos, y no sólo de ellos: la visión del cosmos como un mecanismo de precisión en el que cada pieza ocupa su lugar estratégico ha sobrevivido milenios: los astrónomos de los siglos XVII y XVIII seguirán creyendo en *leyes* según las cuales los radios de las esferas planetarias (o de sus *órbitas,* como se dirá después) deben obligatoriamente mantener relaciones sencillas entre sí. Curiosamente, esta postura tan metafísica, tan poco científica tenía lugar en pleno Siglo de las Luces, en el que se cuestionaba toda idea o creencia que no tuviese una base estrictamente experimental. Y, sin embargo, los radios de las órbitas planetarias sí siguen una ley sencilla, llamada de *Titus-Bode* por sus descubridores (1766). ¿Tendría Pitágoras razón, después de todo?

Un diálogo con Pitágoras y Platón: ¿para qué estudiar tanta geometría?

No nos digas que no te has planteado esta cuestión (incluso quitando el *tanta*), porque no nos lo creemos. Dejemos que te contesten los antiguos. Si éstos son egipcios o babilonios, hindúes o chinos, te dirán que hay que construir casas, calcular exactamente volúmenes de graneros y áreas de campos de trigo, calcular cuántos obreros harán falta para excavar en un mes un canal de dimensiones dadas, y muchas más cuestiones prácticas que se te ocurrirán con sólo pensarlo.

En cuanto a los griegos, Tales te diría más o menos lo mismo, añadiendo quizás la necesidad de medir la distancia de un barco a la costa, o la altura de una pirámide. Pero Pitágoras no. Pitágoras te diría que no se puede entender el mundo sin entender las propiedades fundamentales de los números y su expresión visual, las figuras geométricas. ¿Y eso por qué?, le contestarías: "Yo no veo que el mundo esté lleno de círculos y triángulos". Y Pitágoras: "Mira el cielo, las estrellas, los planetas, el *cosmos.* Todo lo que pasa aquí abajo viene dado por lo que está allí arriba. Y no me digas que ahí arriba no se ven cada día los movimientos circulares perfectos del Sol, la Luna y las estrellas fijas. Lo que pasa es que cuesta trabajo verlos aquí, en la parte del mundo que nos rodea. Pero están ahí, y por eso debes estudiar tanta geometría, además de la aritmética y la armonía musical". Desgraciadamente, Pitágoras se va y no te da tiempo a preguntarle nada más.

No te preocupes, porque ahora viene un pitagórico que nació un siglo después de la muerte de Pitágoras, retomó parte de sus ideas y las *exageró* aún más. Se llamaba Platón, y muchos le consideran el filósofo más genial de toda la historia, el que aportó más ideas nuevas (la propia palabra *idea,* sin ir más lejos). En el barrio llamado *Academos*, a las afueras de Atenas, fundó Platón una especie de universidad a la que llamó *Academia*, y en la entrada puso un cartel un tanto amenazante: "Prohibida la entrada a todo el que no sepa geometría". Esto no lo vas a encontrar en tu escuela o instituto, y con razón, porque la idea que tenemos ahora de la enseñanza es muy distinta. Pero Platón, como Pitágoras, pensaba que las figuras geométricas sí eran la base del mundo, pero no directamente en un sentido material, sino en un mundo ideal, que él llamó *el mundo de las ideas,* al cual accedemos muy penosamente con el estudio de muchas materias, entre ellas de la geometría. Es ese mundo de triángulos y círculos al que se refiere Galileo en la cita del principio del capítulo. Este es el contenido del extraordinario *mito de la caverna* de Platón: el cosmos sigue leyes que, cuando se expresan en términos geométricos, son sencillas y se pueden entender. ¿Y por qué cuesta tanto verlas en el día a día? Porque lo que vemos, las apariencias o fenómenos, no son más que sombras deformadas del mundo ideal, y para reconstruir lo que de verdad hay en éste, que es el bueno, debemos esforzarnos, estudiar y, sobre todo, pensar mucho. "Por eso, amigo –te diría Platón– hay que estudiar *tanta* geometría". Ánimo, pues.

5. LOS TRES PROBLEMAS CLÁSICOS DE LA GEOMETRÍA

El siglo V: el apogeo de Atenas

La expansión persa de la que hablamos antes se tradujo en una serie de guerras entre griegos y persas que los historiadores llaman Guerras Médicas, lo de médicas no tiene nada que ver con la medicina sino con los *medos,* pueblo vecino y pariente de los persas. Estas campañas empezaron con la invasión y destrucción de las colonias griegas del Asia Menor: a pesar del apoyo prestado por Atenas, Mileto fue derrotada en el 495 a.C., y todos sus habitantes deportados a Mesopotamia. Esta situación provocó la huida de poblaciones enteras a Occidente, sobre todo al sur de Italia. Las victorias de Maratón y Salamina, dirigidas por Atenas, dieron a ésta un enorme prestigio, y, bajo su dirección, se fundó la *Liga de Delos* o *délica,* con capital (teórica) en la isla de Delos, pero regida en la práctica por Atenas. Esta alianza defensiva de ciudades-estado, fenómeno tan poco frecuente en la historia griega, propició un siglo de esplendor económico y cultural para toda Grecia y, sobre todo, para la capital del Ática: Atenas. Bajo el gobierno de Pericles (445-429 a.C.) Atenas se llena de magníficos palacios y templos como el Partenón, de escultores como Fidias (autor de la estatua de Zeus en el templo de Olimpia, una de las siete maravillas del mundo antiguo), de escritores como los trágicos Eurípides y Sófocles y el cómico Aristófanes, y de filósofos como Parménides, Zenón de Elea (pronto hablaremos de él) y Anaxágoras, encarcelado por afirmar que el Sol no era un dios, sino una piedra incandescente, y que fue salvado *in extremis* por el propio Pericles, que había sido alumno suyo. También llegan a Atenas pitagóricos exiliados del sur de Italia y matemáticos como Hipócrates de Quíos, el mejor geómetra del siglo V a.C., de quien también hablaremos en seguida.

Lamentablemente, la experiencia de la guerra con los persas no sirvió de escarmiento. Las ciudades griegas se rebelaron contra Atenas (que, ciertamente, estaba abusando de su posición hegemónica en la Liga de Delos, llegando a apropiarse del propio tesoro de la Liga), dando así comienzo a una larguísima *Guerra del Peloponeso* entre Atenas y Esparta, que terminó con el triunfo de esta última y supuso el fin de la prosperidad en toda Grecia. Esparta fue, a su vez, derrotada tras la rebelión de las ciudades a las que había sometido, y, con ello, Atenas recobró algo del pasado esplendor, muestra del cual es el auge de la filosofía con Platón (427-347 a.C.) y su Academia, y con Aristóteles (384-322 a.C.) y su Liceo. Después llegaría Alejandro Magno (discípulo de Aristóteles), y las cosas cambiaron bastante.

Zenón y sus paradojas del infinito

En la época clásica el sur de Italia estaba lleno de colonias griegas, siendo la más famosa Nápoles (originalmente *Neápolis*, es decir, *ciudad nueva*). De Elea, otra colonia griega, fue Zenón, un filósofo famosísimo. Pertenecía a una escuela que opinaba que los esfuerzos de Tales y Pitágoras por explicar el mundo mediante razonamientos encadenados eran irrealizables, y que el conocimiento sólo era posible por una especie de intuición o contemplación.

Para ilustrar sus opiniones negativas, se dedicó a plantear a sus rivales ciertos problemas de difícil solución, todos ellos relacionados con los *procesos infinitos,* es decir, con la posibilidad de efectuar una operación infinitas veces. Se les llama *paradojas de Zenón*, y dos ellas son muy famosas.

Aquiles y la tortuga: Aquiles (el de la guerra de Troya) y una tortuga se disponen a echar una carrera por la playa. Como Aquiles era el corredor más rápido del mundo, el árbitro decidió dar a la tortuga un poco de ventaja. Dice Zenón: Cuando Aquiles alcance el lugar de donde partió la tortuga, ésta habrá avanzado un poquito; cuando Aquiles alcance esta nueva posición de la tortuga, ésta habrá vuelto a avanzar otro poquito, y así sucesivamente: *¡Aquiles nunca puede alcanzar a la tortuga, pues, en cuanto llega a una posición previamente pasada por la tortuga, ésta ya no está allí, sino más adelante!* A ver si puedes rebatir este argumento. Actualmente, los científicos, en particular los matemáticos, consideran que este argumento no tiene que ver con sus ciencias, sino con una cuestión filosófica que se remonta al propio nacimiento de la filosofía: ¿qué es el tiempo?

La flecha: Un arquero apunta a la diana y dispara. Y dice Zenón: Para recorrer el espacio entre el arco y la diana, la flecha ha de recorrer primero la mitad de dicho espacio, y para ello debe recorrer primero la mitad de dicha mitad, y así sucesivamente. En conclusión, *¡la flecha no puede salir del arco!*

Criticaban a Zenón el que, por si acaso, él nunca se ponía delante de la diana. Pero aun así, creía haber conseguido su objetivo: demostrar que el razonamiento puro (como el matemático), en cuanto se topaba con la cuestión del infinito, era incapaz de explicar algunos fenómenos de la experiencia diaria, como el hecho de que la flecha *sí* sale del arco, o que Aquiles *sí* le gana la carrera a la tortuga.

Los polígonos regulares y la trisección del ángulo

Todos los pueblos, desde sus primeras etapas de desarrollo, siempre han valorado mucho la simetría por su belleza intrínseca. Los pitagóricos, como te podrás suponer por lo que llevamos dicho, estaban auténticamente obsesionados por ella, y, ya que es difícil encontrarla en los números, decidieron buscarla en las formas. El objeto geométrico plano más simétrico que existe es el círculo, figura sagrada en todas las religiones, representativa del Sol, fuente de la vida. Y dentro de los polígonos, los más simétricos son los regulares, que tienen iguales todos sus lados y ángulos.

Los pitagóricos descubrieron que los polígonos regulares podían inscribirse en un círculo, es decir, que se puede trazar un círculo que pase por todos sus vértices. De hecho, dado un círculo cualquiera, el polígono regular más sencillo de trazar es el hexágono, pues su lado es igual al radio del círculo (figura de la izquierda). Y si marcas un vértice sí y uno no del hexágono, te encontrarás con el famoso triángulo equilátero, como puedes ver en la figura central. Y si trazas dos perpendiculares por el centro, y unes los puntos en los cuales cortan a la circunferencia, tendrás el cuadrado (figura de la derecha).

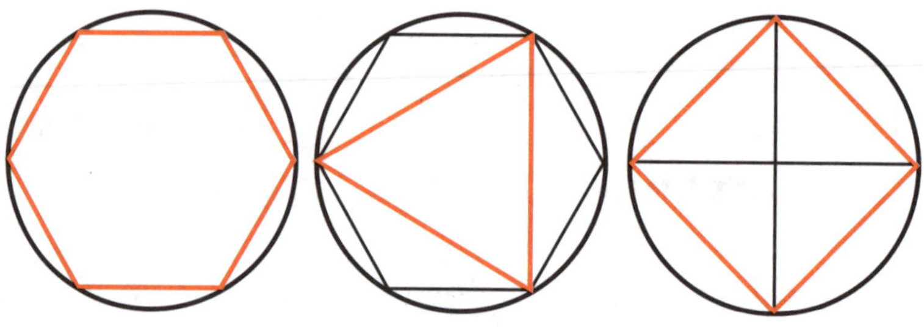

Tenemos ya los polígonos de 3, 4 y 6 lados. ¿Y dónde está el de 5 lados, el pentágono? ¿No se puede trazar? La cosa tiene más intriga aún, pues ya sabes que la enseña de los pitagóricos era el pentágono estrellado. Tendría gracia que los propios pitagóricos tuviesen como figura favorita una que sólo pudiesen trazar a ojo. El caso es que el pentágono regular se puede trazar con toda exactitud, aunque es más difícil que los otros polígonos, y no vamos a entrar en ello. El polígono de 7 lados siempre se les resistió, pero no les debió extrañar, porque el número 7 siempre ha sido la oveja negra entre los números más pequeños que el diez. De hecho, no se puede construir con regla y compás.

Ahora fíjate: duplicar el número de lados del polígono es muy fácil, porque es como dividir en dos partes iguales (o *bisecar*) el ángulo central del polígono, es decir, el que forman los radios que unen dos vértices consecutivos con el centro y vale, en grados, 360º dividido por el número de lados. Y dividir en dos partes iguales un ángulo, trazar su bisectriz, es facilísimo. Solo con ver la figura ya se comprende.

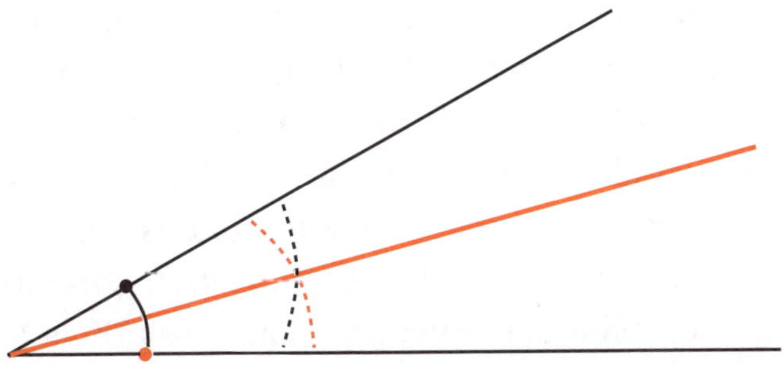

Con ello puedes construir el *octógono* regular a partir del cuadrado, y tras él, los polígonos de 16, 32, 64, 128 y 256 lados. Por idéntica razón, a partir del hexágono podrás trazar el *dodecágono* y los polígonos de 24, 48, 96 y 192 lados.

¿Y el polígono de 9 lados, el *eneágono*? No podemos construirlo duplicando un polígono anterior, pero sí podríamos intentar triplicar el número de lados del triángulo regular o, lo que es lo mismo, dividir en tres partes iguales (o *trisecar*) el ángulo central del triángulo, que es de 120º. En otras palabras, si podemos trazar con el compás un ángulo de 40º con vértice en el centro del círculo, tendremos construido el eneágono regular. Pero no hubo manera, por más que lo intentaron. Probaron también a trisecar su mitad, el ángulo de 60º, que es agudo y más fácil de dibujar, pero tampoco lo lograron ¿Qué pasaba?

La trisección del ángulo, la construcción con regla y compás del ángulo tercio de un ángulo dado, es uno de los llamados *problemas clásicos de la geometría griega*. Los otros dos son la duplicación del cubo y la cuadratura del círculo. Aunque te parezca mentira, hubo que esperar al siglo XIX para dar una demostración (dificilísima y llena de conceptos algebraicos muy elaborados) de que estos problemas no tienen solución con regla y compás. Las investigaciones relativas a estos problemas siguieron coleando durante los siglos siguientes, y todavía hoy, más de 100 años después de que se demostrara la imposibilidad de la cuadratura del círculo, que fue la última, siguen llegando cartas a las Academias y Facultades de Ciencias con supuestas *resoluciones* del problema. ¡Los hay que no aceptan un *no* por respuesta!

Y, en parte, se comprende, porque el problema es mucho más grave de lo que puedas pensar, o lo que podamos pensar en el siglo XXI: decir que un problema geométrico es resoluble con regla y compás equivale a afirmar que se puede resolver cortando rectas y circunferencias, las dos figuras perfectas. Y si las dos figuras perfectas no son capaces de generar todos los polígonos regulares, no podrán tampoco generar el resto de los objetos del cosmos, y el poder explicativo de la armonía y la geometría pura para describir los fenómenos se verá muy mermado. El andamio pitagórico se iba desmoronando poco a poco.

La duplicación del cubo

La isla de Delos era el centro religioso de las ciudades de la *liga ática*, aliadas de Atenas, y el templo del dios Apolo, con un enorme altar cúbico, era famoso en toda Grecia. En un momento dado se declaró una plaga terrible en la isla y los sacerdotes de Apolo pidieron a la pitonisa o adivina del templo que averiguase cómo aplacar la ira del dios para que detuviese la epidemia. Según la pitonisa, Apolo le había dicho en sueños (posiblemente inducidos por unas emanaciones de azufre con consecuencias alucinógenas, y a veces mortales) que los ciudadanos de Delos debían construirle otro altar, también cúbico, pero cuyo tamaño fuese doble del que ya había. Se dice que al ignorante constructor al que encargaron la obra no se le ocurrió otra cosa que duplicar el lado del cubo, con lo cual el volumen del cubo se multiplicó por ocho (es decir, por 2 elevado a 3), no por dos. Apolo, se enfadó bastante y quizá por eso la epidemia duró más tiempo.

Una vez despedido el incompetente diseñador, los matemáticos de verdad se aplicaron a la tarea. Fue Hipócrates de Quíos, el mejor geómetra del siglo V a.C, quien más se acercó a la solución. Hipócrates fue también el primer profesor de matemáticas al que se pagaba. Hasta entonces, esta enseñanza era una actividad casi religiosa y se hacía gratis. Parece ser que se dedicó a tan sacrificada profesión después de haber sido arruinado (algunos dicen estafado) por sus socios comerciales. Es muy curiosa la coincidencia en nombre y fechas de nuestro geómetra con el gran Hipócrates de Cos, padre de la medicina y autor del famoso *juramento hipocrático* que aún hoy efectúan los médicos nada más terminar la carrera. Hipócrates de Quíos demostró que resolverían el problema si conseguían *intercalar dos medias proporcionales* entre el lado del cubo inicial a y el doble $2a$. Es decir, si podían trazar segmentos x e y tales que:

$$\frac{a}{x} = \frac{x}{y} = \frac{y}{2a}$$

Anímate y comprueba por ti mismo que de esta doble proporcionalidad se deduce que $x^3 = 2a^3$, y que x es el lado del cubo de volumen doble. Recuerda, *produc-*

to de medios igual a producto de extremos. Fíjate que tienes en realidad *tres* proporcionalidades con las que manejarte, y no olvides que la primera razón también es igual a la última.

Esos segmentos se podrían obtener de diversas maneras, o, como dicen los geómetras, mediante diversas *configuraciones.* Aquí tienes una de ellas.

En la figura que está más adelante, *CE* es perpendicular a *AD,* y *EB* lo es a *AC.* Los cinco triángulos rectángulos que aparecen en el dibujo (¿los encuentras?) son semejantes, pues, aparte del ángulo recto, tienen otro ángulo igual. Entonces, el cociente entre el cateto mayor y la hipotenusa es igual en cada uno de los triángulos *ABE, AEC* y *ACD*, lo cual nos suministra la triple relación buscada:

$$\frac{AB}{AE} = \frac{AE}{AC} = \frac{AC}{AD}$$

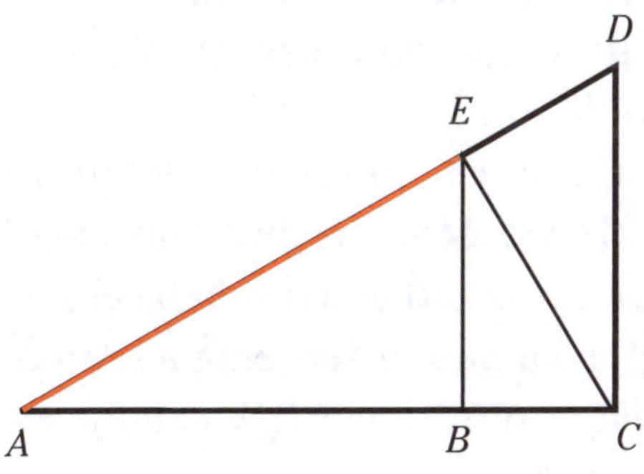

Por tanto, si AB = a y $AD = 2a$, $AE = x$ sería la solución. La figura no parece muy complicada, pero fíjate: si empezamos trazando las perpendiculares a partir de *C*, entonces *E* y *B* quedan predeterminados, y no podremos fijar *AB* a nuestro gusto. Y si trazamos a nuestro gusto *AB* y trazamos las perpendiculares empezando por *B*, entonces *C* y *D* quedarán predeterminados. Para que *AD* fuese exactamente el doble de *AB* deberíamos elegir el ángulo adecuado, que ese sí está a nuestra disposición. Y, como en el caso de la trisección del ángulo, nadie consiguió trazar con regla y compás el ángulo preciso para que la figura precedente pudiese resolver el problema de la duplicación del cubo. Parece aún más increíble que con la trisección del ángulo, pero se demostró en el siglo XVIII que es imposible trazar dicho ángulo sólo con la regla y el compás.

Las cónicas

Unas curvas muy importantes que se usaron para resolver estos problemas son las *secciones cónicas,* o *cónicas* a secas. Fueron inventadas por Menecmo, un miembro de la Academia de Platón que fue también, junto con Aristóteles, preceptor del futuro rey Alejandro Magno. De Menecmo se dice que, ante las quejas de Alejandro por lo pesado que resultaba el aprendizaje de la geometría paso a paso y teorema a teorema, le respondió: "Para viajar por tu país hay caminos reales y caminos para los ciudadanos normales. Pero en geometría hay un único camino para todos". También se atribuye esta anécdota a Euclides y al rey Ptolomeo de Egipto, unos 30 años después. De cualquier manera, la frase "no hay un camino real para la geometría" ha pasado a la historia para indicar que las cosas más importantes sólo se pueden aprender paso a paso y con esfuerzo. No hay atajos.

Las secciones cónicas son las curvas obtenidas como intersección de un cono y un plano perpendicular a una de sus generatrices. Si el cono es acutángulo, la sección corresponderá a una *elipse*, si el cono es rectángulo, será una *parábola*, y si el cono es obtusángulo, se obtendrá una *hipérbola* (fíjate en las figuras).

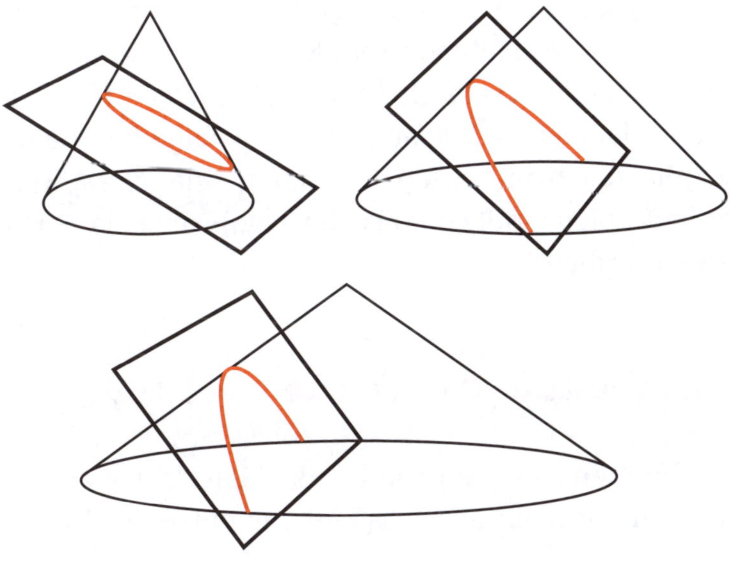

Menecmo fue capaz de obtener el segmento *x* solución del problema de la *duplicación del cubo* como intersección de *dos* parábolas, pero no entraremos en cómo lo hizo. Las cónicas alcanzaron su mayor nivel de desarrollo con una obra posterior de Euclides (que desconocemos, pues se ha perdido totalmente) y, sobre todo, con la de Apolonio de Perga, *el Geómetra*, matemático algo más joven que Arquímedes y que escribió una obra en ocho tomos llamada, precisamente, *Las cónicas*. De los cuatro primeros tenemos sus originales griegos. Los tres siguientes nos han llegado exclusivamente en versión árabe. El octavo se ha perdido. Se trata de un trabajo monumental en el que, con un virtuosismo parecido al mostrado por Arquímedes, Apolonio demuestra innumerables propiedades de estas curvas. Aquí nos hemos de limitar a mencionarlo, pues se trata de una matemática sumamente avanzada y, durante muchos siglos, muy minoritaria. Pero, como leerás en el último capítulo, tuvo un insospechado premio cuando, en el siglo XVII, Kepler demostró que las órbitas planetarias seguían elipses y no círculos como se creía hasta entonces. A partir de ahí, una figura bonita pero más bien inútil como la elipse cobró una importancia extraordinaria.

La cuadratura del círculo

Volviendo a los problemas clásicos, vayamos al más conocido. La perfecta síntesis entre la recta y el círculo sería calcular la longitud de la circunferencia y el área del círculo. Pero, ¿qué significa *calcular* para un griego, y más si es pitagórico? Pues construir (con regla y compás, claro) un segmento que tenga la misma longitud que una circunferencia, o un cuadrado (la figura obvia usada para medir) que tenga la misma área que un círculo dado. A los griegos les parecía mucho más difícil resolver el primer problema que el segundo, y por eso se enfrentaron primero a éste, pero sin éxito.

Recordemos primero que cuadrar un rectángulo es fácil por el método pitagórico, pues no es más que obtener la media geométrica de sus lados, y para eso existen varias construcciones. Para cuadrar un triángulo basta transformarlo en el rectángulo de la misma base y altura mitad (o la misma altura y base mitad) y cuadrar éste. Y como todo polígono se puede descomponer en triángulos, para cuadrarlo basta con cuadrar cada triángulo y luego sumar los cuadrados así obtenidos mediante aplicaciones sucesivas del teorema de Pitágoras. Así pues, todo polígono (regular o no) es cuadrable, es decir, transformable en un cuadrado de la misma área mediante construcciones con regla y compás.

Un sofista (un filósofo algo chapucero) llamado Antifón, observó lo siguiente: al aumentar el número de lados, los polígonos regulares inscritos en un círculo se van aproximando cada vez más a éste, y eso le llevó a sostener que como todo polígono es cuadrable, también tendrá que serlo el círculo. No explica por qué, pero su argumento parece dar a entender que, tomando un número suficientemente grande de lados el polígono llegará a coincidir exactamente con el círculo, cosa que es falsa, como bien indicó Aristóteles. Luego su argumento no nos sirve desde el punto de vista teórico, aunque para obtener aproximadamente el área del círculo eso es exactamente lo que se hace. Otro famoso sofista, Brisón, consideró también los *polígonos circunscritos* al círculo, y, tras afirmar que el círculo tiene área mayor que la de cualquier polígono inscrito y menos que la de cualquier polígono circunscrito (cosa cierta y muy importante), creyó poder obtener el área del círculo como media proporcional entre ciertos polígonos inscritos y circunscritos. Por desgracia, esto tampoco funciona para resolver este problema

Sí que consiguieron los griegos abordar estos tres problemas mediante la invención de curvas particulares, además de las cónicas. Pero eran curvas que solo se podían construir punto a punto (a diferencia de la recta y la circunferencia, que se pueden dibujar de un trazo), y por lo tanto solo resolvían el problema aproximadamente.

De todas formas, y aun con sus carencias, la idea de Antifón y Brisón nunca fue abandonada del todo, y quienes aclararon definitivamente la cuestión fueron los matemáticos más brillantes de toda la Antigüedad, Eudoxo de Cnido y Arquímedes de Siracusa. Eudoxo *cuantificó* la idea de Antifón, observando que al duplicar el número de lados, el error cometido al estimar el área del círculo por el polígono regular inscrito se reduce en más de la mitad. En símbolos, si P_n es el área del polígono inscrito de n lados y C el área del círculo, entonces:

$$C - P_{2n} < \frac{1}{2}(C - P_n)$$

En la figura, la diferencia entre el círculo y el cuadrado es la parte rayada más la coloreada. Al duplicar el número de lados obtenemos un octógono. La superficie entre él y el círculo tan es solo la parte coloreada. Si miras la parte superior del dibujo (donde hay un rectángulo punteado) podrás ver que el área de cada dos partes coloreadas es menor que la del triángulo rayado. Por tanto, las ocho zonas coloreadas tienen en total menor área que la de los cuatro triángulos rayados. Esto es:

$$\textit{Superficie roja} < \textit{Superficie rayada}$$

Sumando en los dos miembros la superficie roja:

$$2 \text{ x } \textit{Superficie roja} < \textit{Superficie rayada} + \textit{Superficie roja}$$

En consecuencia:

$$C - P_8 = \textit{Superficie Roja} <$$

$$< \frac{1}{2}(\textit{Superficie Rayada} + \textit{Superficie Roja}) = \frac{1}{2}(C - P_4)$$

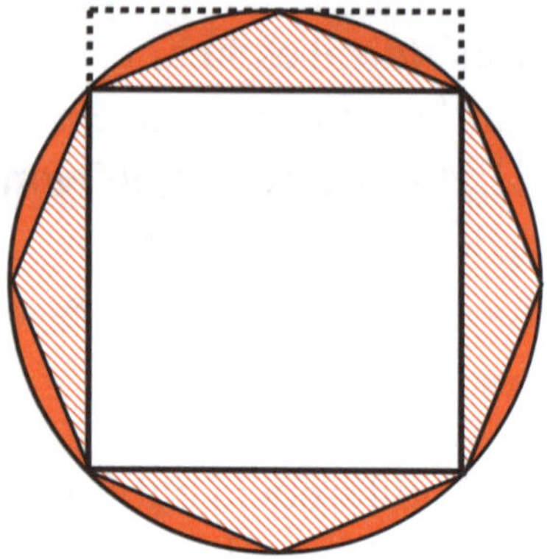

De aquí dedujo Eudoxo la siguiente afirmación, que zanjó de una vez las cuestiones planteadas por Zenón y otros en relación con los procesos infinitos, en este caso el de duplicación del número de lados: ningún polígono inscrito coincide exactamente con el círculo. Con todo, las áreas P_n se aproximan indefinidamente a C, y con esto Eudoxo quiso decir que la diferencia $C - P_n$ puede hacerse tan pequeña como se quiera. Más concretamente, dada una aproximación requerida A, por pequeña que sea, pero fijada previamente, se puede encontrar un polígono regular P_n tal que la diferencia de áreas $C - P_n$ sea menor que A.

¿Cuál es ese polígono? No es fácil de obtener, pues las fórmulas que dan las áreas de los polígonos regulares son bastante complicadas. Pero lo importante es que existe. En términos más prácticos, si queremos aproximar C con, digamos, 100 decimales exactos, lo podremos conseguir. Nos va a costar, pero no es imposible.

¿Ves el salto enorme que va de la intuición correcta de Antifón y su expresión perfecta en las frases de Eudoxo? Es como una ley bien redactada: todos saben, más o menos, lo que quieren decir, pero ¡a ver quién lo escribe de forma que luego no haya discusiones! Y mira que en la frase de Eudoxo no aparece por ninguna parte la palabra *infinito*, la palabra tabú. No se dice que el círculo sea un "polígono de infinitos lados" (como dirán algunos en el siglo XVII), ni que "tomando infinitos lados la diferencia se hace infinitamente pequeña", ni frases por el estilo. Se establece un juego: deme usted la aproximación que quiera (pongamos $A = 0{,}000001$) que ya me encargaré yo de calcular n (pongamos que es 5.000) y mostrarle que, efectivamente, el polígono de 5.000 lados aproxima al círculo en menos que A, esto es, con 6 decimales exactos. ¿Dónde quedó el infinito? En la posibilidad de duplicar el número de lados todo lo que necesitemos, sin limitación alguna. ¿Ves que Zenón no podría decir nada ante este tipo de argumentación?

Volveremos más adelante al aspecto práctico de cómo calcular n para conseguir una aproximación determinada. De eso se ocupará Arquímedes, el matemático más genial de la Antigüedad.

6. ALEJANDRÍA: LA CAPITAL DE LA MATEMÁTICA GRIEGA

El mundo helenístico

En medio de la decadencia producida por las guerras del Peloponeso una nueva potencia inicia su expansión. Esta vez no es extranjera, como Persia, sino que pertenece al mundo griego: es el reino de Macedonia, al norte de la Grecia actual. Los griegos de las ciudades del sur, más cultas, consideraban a Macedonia como un pequeño reino de pastores, feudal y primitivo, gentes con las que sólo tenían en común la lengua, y nunca imaginaron que pudiese suponer un peligro para ellos. Sin embargo, el rey Filipo, que había vivido en la ciudad eolia de Tebas, en la Grecia central, y había aprendido allí las innovadoras tácticas militares que habían dado a esta ciudad un dominio temporal sobre las demás, supo unificar a las diversas tribus y clanes de Macedonia y crear un formidable ejército, las *falanges macedónicas,* versión mejorada del ejército tebano. Con ellas inició su plan de unificar toda Grecia, empezando por las ciudades más próximas, desplazándose luego hacia el sur y conquistando la propia Tebas, con la que fue bastante generoso. Tras esto, las ciudades griegas, excepto Esparta, aceptaron formar una Liga Helénica presidida por Filipo, manteniendo, eso sí, una absoluta autonomía. Tras la muerte de éste las ciudades griegas se rebelaron y la liga se deshizo (a estas alturas, seguro que ya no te sorprende, ¿verdad?). Su hijo Alejandro fue coronado rey de Macedonia y siguió los pasos de su padre, aunque intentando primero la vía diplomática para conseguir la reincorporación pacífica de las ciudades griegas a la Liga Helénica. Alejandro, que se consideraba tan griego como su maestro Aristóteles (que, al fin y al cabo, había nacido en Tracia, región vecina a Macedonia), estaba convencido de la superioridad de las formas sociales, políticas y culturales griegas y de que, por encima de razas y orígenes, existía realmente una *unidad cultural* entre todos los griegos, que debía culminarse con la unificación política iniciada por Filipo, manteniendo siempre el sistema político de cada una. Y así lo hizo con las ciudades que se le rindieron. Pero algunas no creyeron en su buena fe. Tebas se rebeló, matando a la guarnición macedonia que la vigilaba. El castigo fue terrible: la ciudad fue totalmente arrasada (con la única excepción de la casa del gran poeta Píndaro) y sus 30.000 habitantes asesinados o vendidos como esclavos.

Este sistema de premios y castigos, que Alejandro mantuvo toda su vida, con el ejemplo de Tebas a la vista, hizo que otras ciudades se lo pensasen dos veces. Atenas, contra la opinión del ciudadano Demóstenes, bien conocido en la asamblea ateniense por sus incendiarios discursos contra Filipo (que han pasado a la historia como *filípicas*), nombró rey a Alejandro y éste aceptó encantado, por la gran admiración que sentía por Atenas y su cultura. El resto de las ciudades siguió el ejemplo de Atenas y en un par de años el proyecto unificador de Filipo se hizo realidad de nuevo. Desde el punto de vista práctico, los ciudadanos griegos notaron en seguida las ventajas del nuevo sistema, que, al coste de una mínima cesión de soberanía, evitaba las continuas guerras entre ciudades, verdadero cáncer de la sociedad helénica.

Terminado el trabajo en Grecia, y con tropas de repuesto aportadas por las ciudades griegas como precio por la paz, Alejandro se lanzó a la conquista de Asia (así, como suena). Nada más pisar suelo asiático, en Troya, juró ante el monumento a Aquiles que terminaría la labor empezada por sus ilustres antepasados aqueos y liberaría a las ciudades griegas de la costa asiática sometidas al dominio persa. Empezó así una serie de campañas victoriosas en las que las falanges macedónicas, dirigidas con gran inteligencia por los generales de Filipo y por el propio Alejandro, y con el empuje psicológico de ver a su rey jugándose la vida en primera fila, al contrario que el rey persa Darío, derrotaron a ejércitos muy superiores en número, pero muy poco motivados y llenos de mercenarios que escapaban o se rendían a la primera oportunidad.

Sin embargo, tras cumplir con su juramento, Alejandro no se detuvo. Conquistó las ciudades fenicias (que están en el actual Líbano; Sidón se rindió y fue respetada, Tiro se resistió y fue destruida hasta los cimientos), sometió a los reinos judíos y, para sorpresa de casi todos, marchó en dirección a Egipto, que se rindió inmediatamente y nombró faraón a Alejandro. En agradecimiento, Alejandro en persona trazó los planos de una nueva ciudad en el delta del Nilo: Alejandría, que tanta importancia tendría después. De vuelta a Asia, persiguió al ejército persa hasta derrotarlo completamente. El rey Darío fue asesinado por sus propios generales y Alejandro se aprestó a conquistar una a una las ciudades persas, fundando en el camino ciudades de estilo griego y constituciones democráticas. Fue, en general, benévolo, excepto con Persépolis, que mandó incendiar sin que se sepa muy bien por qué. Por su parte, Persia, su arte y su cultura ganaron una importante batalla: encandilaron al propio Alejandro, que empezó a vestir como un rey persa y a exigir que le tratasen con el rígido protocolo reservado a éstos, cosa que los soldados macedonios no estaban dispuestos a hacer. Así se inició una cierta separación afectiva entre Alejandro y sus tropas, hasta entonces uña y carne. Con la admisión de soldados persas al ejército macedonio (nuevo motivo de fricción con éstos), Alejandro se lanzó al Asia Central, conquistando lo que hoy es Afganistán, partes de Kazajistán y hasta Pakistán, en su obsesión por llegar al río Ganges y unirlo políticamente con el Nilo. Sus soldados, después de diez años de batallas y sin ver un objetivo claro en ese continuo avance hacia regiones desconocidas como la India, exigieron a Alejandro la vuelta a casa. Éste aceptó a medias, y, tras la conquista completa del valle del Indo hizo la maniobra más absurda de su vida: llevó a su ejército a través del terrible desierto de Beluchistán, viaje que provocó incontables muertes por calor, sed y agotamiento entre sus tropas. Finalmente, lo que quedaba del ejército llegó a Persia. Alejandro, de camino hacia el oeste, murió en Babilonia de una infección, posiblemente causada por el agotamiento.

Sobre la vida y la época de Alejandro hay varias novelas debidas a la escritora inglesa Mary Renault. Entre ellas destacan *Fuego del cielo* y *El muchacho persa*. Son muy entretenidas y merecen la pena.

La idea obsesiva de Alejandro, y la razón de fundar tantas *Alejandrías* en el camino, era crear en el imperio que había forjado una sociedad mixta de griegos y persas cuyos hijos tuviesen las virtudes de su Grecia natal y de su patria adoptiva, Persia, y que estuviese basada en principios políticos de tipo democrático, aunque fuese bajo la autoridad de un rey benévolo. Él mismo se casó con una hija del rey Darío y convenció a decenas de miles de soldados macedonios para que echasen raíces en Persia, fundando familias con mujeres persas.

Tras la muerte de Alejandro todo esto se deshizo, empezando por la propia unidad política, y el imperio se repartió entre los generales de Alejandro, correspondiendo la parte oriental (Palestina-Fenicia, Siria, Mesopotamia y Persia) a Seleuco, que, por su gran heterogeneidad, fue la primera en descomponerse del todo. Macedonia-Grecia le fue asignada a Antígono, y desapareció dos siglos después tras innumerables guerras civiles y varias invasiones de pueblos celtas, no pudiendo resistir finalmente al empuje Roma, la potencia entonces emergente. Egipto le tocó a Ptolomeo, que adoptó las formas egipcias y el propio título de faraón, fundando la dinastía de los *Ptolomeos*, del I al XIII, que termina con la última reina, Cleopatra, y la derrota de ésta por el ejército romano de Julio César en el año 48 a.C. El poder griego en Egipto aguantó casi tres siglos, entre otras cosas porque los propios faraones griegos intentaron aproximarse al pueblo egipcio, e incluso se molestaron en aprender su lengua.

A pesar del fracaso del proyecto político de Alejandro, algo muy importante quedó: el surgimiento de una síntesis cultural llamada *helenismo* (que significa *de tipo griego*, o *al estilo griego*) que está compuesta de elementos griegos, sirios, persas y egipcios y que se manifiesta en la arquitectura y otras artes plásticas y, sobre todo, en la aparición de una lengua común, la *koiné,* variante simplificada del griego clásico cargada de aportaciones persas, egipcias y de las lenguas semíticas (siríaco, arameo...) del Oriente Próximo. La koiné pasó a ser la lengua de la cultura y del comercio en lo que fue el imperio de

Alejandro, y se mantuvo como tal durante unos mil años, hasta que la expansión musulmana del siglo VII la sustituyó por el árabe. Gracias a la koiné, muchas obras literarias y científicas griegas se libraron de la quema (nunca mejor dicho hablando de la Biblioteca de Alejandría) gracias a que los artistas y científicos que huyeron de las áreas griegas en conflicto encontraron un refugio cultural y afectivamente próximo en Siria y Persia, adonde llevaron también sus libros y aparatos, y pudieron desarrollar una importantísima labor cultural de inspiración griega a miles de kilómetros de Grecia o de las ciudades jónicas de Asia Menor.

Alejandría ocupó un lugar fundamental en el desarrollo cultural y científico del helenismo durante más de seis siglos, sustituyendo a Atenas como foco cultural y superando a otros centros también importantes como Antioquía y Damasco en Siria, Babilonia o las ciudades persas de Susa y Persépolis. Una de las razones de esa preeminencia de la ciudad del Nilo es el constante impulso que los faraones Ptolomeos dieron a su desarrollo comercial y cultural. Ptolomeo I Sóter (*el Salvador*), el general de Alejandro que heredó Egipto, mandó establecer en Alejandría el Museo, centro de ciencia y cultura dedicado a las siete Musas (de ahí su nombre) como inspiradoras de las artes y la ciencias, que servía de residencia temporal de estudiantes y sabios de todo el mundo helenístico. Parte esencial del Museo era su famosa Biblioteca, que con el tiempo conseguiría reunir unos 700.000 libros gracias a la astuta y algo autoritaria orden de Ptolomeo III que obligaba a todo viajero llegado a Alejandría a prestar sus libros a la Biblioteca para que ésta los copiase. El Museo y la Biblioteca sufrieron varios incendios a lo largo de su historia, con lo que desaparecieron casi todos los libros, colecciones de animales y otros aparatos de estudio. Las diversas versiones de los historiadores atribuyen los incendios a la guerra de conquista de Julio César, a las guerras civiles del siglo III d.C., a un grupo de cristianos fanáticos en el siglo V y a una turba parecida de musulmanes un par de siglos después. No puede uno dejar de recordar el dicho *"entre todos la mataron... y ella sola se murió"*.

Alejandría fue la capital indiscutible de las matemáticas y la astronomía durante casi ocho siglos. Su declinar coincide con uno de los incendios antes mencionados, el provocado por una turba cristiana. Lo veremos más tarde.

Euclides y los *Elementos de Geometría*

La primera obra matemática de importancia que nos ha llegado de Alejandría es, de hecho, la más importante de toda la historia, si nos fijamos en el éxito editorial. Un gran matemático alejandrino llamado Euclides, escribió libros sobre cónicas, óptica, música, y también una monumental obra en 13 libros llamada *Elementos de Geometría*, en la que desarrolla en forma sistemática los conocimientos de la geometría de su época, con pocas excepciones (las cónicas no forman parte de esta obra).

A pesar de que en esta época (hacia el año 300 a.C.) la identificación pitagórica de número y figura geométrica había desaparecido casi del todo, Euclides consideró que no podía escribir un compendio de geometría sin tratar también de los números enteros y sus propiedades, y así lo hizo. Están dedicados a ellos tres de los trece libros de los *Elementos,* con los conceptos y propiedades básicas de los múltiplos, divisores y números primos. No sabemos cuánto era conocido de antes y cuáles son las aportaciones personales de Euclides, pero el resultado es completísimo, pues llega a demostrar dos hechos fundamentales sobre los números primos: que *todo número se puede descomponer de manera única como producto de factores primos* (llamado también *teorema fundamental de la aritmética*) y que *no existe un número primo mayor que todos los demás,* lo que hoy (pero no entonces) enunciamos diciendo que *existen infinitos números primos.*

Aparte de la belleza e importancia de estas propiedades aparentemente sencillas de los números, la importancia de los *Elementos de Geometría* está en su parte principal, la geométrica. Y ello se debe a la novedad esencial que aporta esta obra: es *la primera* que nos ha llegado en la cual se sigue rigurosamente el *método hipotético-deductivo* en el que tanto había insistido Aristóteles: cualquier saber que merezca el calificativo de *ciencia deductiva* tiene tres patas sin las cuales no puede andar.

En primer lugar, una colección de conceptos previos o primitivos, que deben ser explicados y definidos de la forma más clara posible y sin ambigüedades, cumpliendo además el precepto aristotélico de que lo definido no debe entrar en la definición.

En segundo lugar, una serie de afirmaciones claras sobre ciertas propiedades de los conceptos primitivos y que no se demuestran porque se consideran de sentido común. Estas verdades evidentes se llaman *axiomas* o *postulados,* y también *enunciados primitivos*.

A partir de conceptos y enunciados primitivos, hay que obtener paso a paso los diversos teoremas a base de combinar hábilmente los postulados y los teoremas previamente obtenidos, todo ello aplicando ciertas reglas de razonamiento cuya validez sea clara y no admita discusión. Nada de Zenón y de sus argumentos tan dudosos. Estas reglas son lo que necesitamos en tercer lugar.

Euclides sigue fielmente las instrucciones de Aristóteles y empieza dando una lista de 23 definiciones (punto, recta, círculo, rectas paralelas...), y sigue con una lista de 10 postulados de los cuales unos son muy obvios ("el todo es mayor que la parte") y otros requieren pensar un poco, pero aun así son creíbles ("todos los ángulos rectos son iguales", "por dos puntos pasa una recta"). Pero hay uno en particular, el famoso *quinto postulado,* o *postulado de las paralelas,* que es mucho más discutible. Este quinto postulado afirma que *"por un punto exterior a una recta pasa una, y sólo una, paralela a la misma".*

Si tomas lápiz, papel y una regla, seguro que lo puedes comprobar prácticamente, parece que la cosa no ofrece dudas. Pero la cuestión no es práctica, sino teórica: la propiedad mencionada, por cierta que pueda ser, es tan concreta, tan de detalle, que chirría al contacto con las demás, que afirman cosas mucho más generales. Es tan claro el contraste que desde que Euclides escribió los *Elementos* casi todos los geómetras (desde el propio Euclides hasta hace bien poco) han estado convencidos de que esta propiedad de las paralelas no debería estar en la lista de postulados, sino que debería poder *demostrarse* a partir de los demás postulados, y así lo han intentado hasta el agotamiento y el aburrimiento, hasta que en el siglo XIX se les ocurrió a algunos matemáticos abordar el problema por reducción al absurdo. Se trataba de negar el quinto postulado, y ver si así se llegaba a una contradicción. Y sucedió que no se llegó a ninguna contradicción, sino a nuevas geometrías. Ahora bien, el quinto postulado puede ser falso por dos razones distintas: o bien porque por un punto exterior a una recta no pasa *ninguna* paralela, o bien porque por un punto exterior a una recta pasa *más de una* paralela. Entonces podemos fabricar dos geometrías distintas, según optemos por un camino o por otro. En el primer caso tenemos la llamada *geometría elíptica*, estudiada por el matemático alemán Riemann, en el segundo la *geometría hiperbólica*, desarrollada por el húngaro Bolyai y el ruso Lobachevski. Aunque te parezca mentira, son tan coherentes como la geometría euclídea (que es como se llama a la basada en la versión de Euclides del quinto postulado), aunque ésta última sea la que usamos para andar por casa. Y claro está, todos los teoremas en cuya demostración se utilice el quinto postulado, dejan de ser ciertos en las geometrías no euclídeas.

Los *Elementos* de Euclides fueron un éxito editorial inmediato. Para que te hagas una idea, las copias más antiguas que ahora manejamos fueron copiadas más de quinientos años después del original, lo cual crea dudas razonables sobre su exactitud, pero no tenemos otra cosa. Quitando las obras literarias y los clásicos de la filosofía, ningún libro científico ha merecido el honor de ser copiado una y otra vez durante tantos años. La primera edición impresa apareció muy poco después de la invención de la imprenta por Gutenberg y fue reimpresa una y otra vez. De hecho, los *Elementos* de Euclides es, después de la Biblia, la obra que más ediciones ha tenido en todo el mundo y que ha sido traducida a más idiomas. ¡Y es un libro de matemáticas! (bastante difícil, además). ¿Quién lo iba a decir?

Eratóstenes

Eratóstenes (275-194 a.C) nació en Cirene y estudió en Atenas. Fue llamado a Alejandría por Ptolomeo III como tutor del futuro faraón y como encargado de la Biblioteca. Fue un gran organizador, y como matemático, son famosas sus ideas sencillísimas pero geniales.

Por ejemplo, ideó un método sensacional para medir la *longitud del meridiano de la Tierra* (y por tanto la del ecuador): le habían contado unos viajeros que a mediodía del 21 de junio (en el momento mismo del *solsticio de verano*) el sol se reflejaba en el fondo de un profundo pozo de Asuán (la ciudad que da nombre a la actual presa sobre el Nilo). El mismo día y a la misma hora, según midió Eratóstenes, el sol forma un ángulo de α = 7º 12' con la vertical de la propia Alejandría (ver la figura, donde Asuán está representada por un punto rojo y Alejandría por uno negro). Como los ángulos de lados

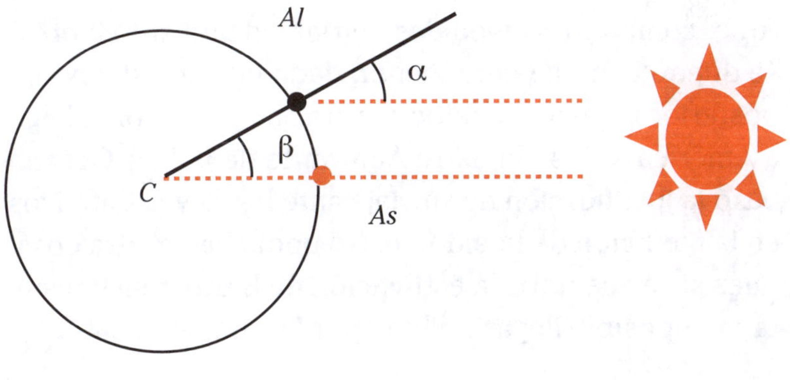

paralelos son iguales (acuérdate, no es la primera vez que utilizamos esta propiedad), este ángulo es igual a α que es la distancia angular entre Asuán y Alejandría.

Ahora bien, se sabía que la distancia lineal entre ambas ciudades era de 5.000 estadios, y de este dato se puede saber que un grado de ángulo equivale a 694,4 estadios. Multiplicando por 360 resulta que la circunferencia de la Tierra es de 250.000 estadios, lo cual equivale a unos 46.000 km. Dado que la longitud verdadera es de unos 40.000 km, el resultado es bastante bueno teniendo en cuenta la imprecisión de la medición de la distancia entre Alejandría y Asuán (cifras tan redondas como 5.000 son siempre sospechosas) y que para que el método fuera teóricamente correcto, las dos ciudades tendrían que estar en el mismo meridiano, y esto solo es cierto aproximadamente.

A pesar de la evidente validez del método de Eratóstenes, el mundo antiguo (y, por herencia, el medieval), quizá debido a un error en el valor del estadio (que, como tantas medidas, variaba de un sitio a otro) se quedó con una cifra menor, dada por un astrónomo posterior llamado Posidonio y gracias a ella Colón llegó a América, pues el ilustre Almirante de la Mar Océana basó la justificación de su viaje ante los Reyes Católicos en la medición de Posidonio. No podía hacer otra cosa, pues si se aceptaba la estimación de Eratóstenes resultaba imposible llegar a China por la ruta occidental.

Eratóstenes es también autor del calendario (que mas tarde adoptaría Julio Cesar) según el cual cada cuatro años hay que añadir un día más. El tiempo que tarda la tierra en completar su órbita es de 365 días más un cuarto de día, entonces es más cómodo acumular esas cuartas partes y con ellas considerar un día más cada cuatro años. Lo malo del asunto es que ese cuarto era un poco escaso, de modo que este calendario producía un error de tres días cada 400 años. Es por esto que el calendario gregoriano (establecido en 1582) suprimiría tres bisiestos cada cuatro siglos.

Otra interesante y sencilla idea de Eratóstenes fue su famosa *criba*, que sirve para encontrar todos los números primos menores que uno dado.

2	3	4	5	6	7
8	9	10	11	12	13
14	15	16	17	18	19
20	21	22	23	24	25
26	27	28	29	30	31
32	33	34	35	36	37
38	39	40	41	42	43
44	45	46	47	48	49
50	51	52	53	54	55
56	57	58	59	60	61
62	63	64	65	66	67
68	69	70	71	72	73
74	75	76	77	78	79
80	81	82	83	84	85
86	87	88	89	90	91
92	93	94	95	96	97
98	99	100	101	102	103

La criba de Eratóstenes

Para ello se marcan todos los números que no son primos; es decir, a partir del 2 todos los números pares, a partir del 3 todos sus múltiplos, lo mismo para los múltiplos de 5 y así sucesivamente con 7, 11, etc.
Si esto lo hacemos en una tabla en que los números están ordenados de menor a mayor en 6 columnas, entonces los números que se marcan por no ser primos coinciden con columnas y diagonales, según aparece en el gráfico.

Arquímedes, el Maestro (288-212 a.C.)

Arquímedes nació en Siracusa, en la actual isla italiana de Sicilia, y era hijo de un astrónomo poco conocido. Se le asocia a la escuela de Alejandría, aunque en esta ciudad solo pasó temporadas. Bien es cierto que nunca perdió el contacto con ella y que mantuvo correspondencia con varios de los matemáticos que trabajaban en su Biblioteca.

Si Euclides fue un enciclopedista, Arquímedes fue un matemático original, que escribió monografías en el sentido moderno de la palabra. Sobre este gran matemático se han escrito libros enteros, y con razón, pues se le considera uno de los tres grandes de toda la historia. Los otros dos son Newton y Gauss. Desgraciadamente, su obra es demasiado difícil como para describirla en este libro, aunque si estás interesado en conocerla a fondo te recomendamos el libro *Arquímedes. Alrededor del círculo* de Rosi Torija publicado, en Editorial NIVOLA. Por tanto, nos conformaremos por hablar un poco de su vida y de alguna cuestión concreta que pueda explicarse de manera sencilla.

Sobre Arquímedes se cuentan historias tan descabelladas como sobre Pitágoras, y algunas de ellas son claramente absurdas, pero otras no. Era pariente del rey de Siracusa, su ciudad natal, y éste le pidió repetidas veces ayuda para combatir al ejército romano, que no dejaba de atacar a la ciudad (que, con gran torpeza, se había aliado con Cartago, lo que le costó la enemistad de Roma). Se dice que Arquímedes inventó máquinas hechas de poleas que podían levantar los barcos sobre el mar, darles la vuelta y hundirlos; y que diseñó espejos parabólicos, como los faros de los coches, que podían concentrar los rayos solares sobre las naves romanas y quemarlas. También se dice que el propio Arquímedes despreciaba estos inventos y muchos otros que hizo en su vida, como la bomba de agua llamada tornillo de Arquímedes.

Arquímedes terminó mal, pues, a pesar de sus desvelos, los romanos acabaron tomando la ciudad (y, con el tiempo, conquistando todo el mundo occidental y parte del oriental). Se cuenta que un soldado quiso llevarle detenido a la presencia del general Marcelo, comandante en jefe del ejército invasor, que había dado orden estricta de respetar la vida de Arquímedes, al que admiraba y quería que pasase a su servicio. Al parecer, Arquímedes le dijo al soldado romano que no le interrumpiese en sus investigaciones, y el soldado le mató.

Mosaico que representa la muerte de Arquímedes.

La anécdota más famosa de Arquímedes es la siguiente: el rey le pidió que averiguase si una corona de oro que había encargado a un orfebre era realmente de oro. Para ello, hacía falta medir el volumen de la corona, y Arquímedes no sabía cómo hacerlo, pues una corona es una figura geométrica complicadísima, y ni siquiera él era capaz de calcular su volumen. Fue a darse un baño y, al sumergirse en la bañera, que estaba llena hasta arriba, vertió fuera una cierta cantidad de agua. Y se le ocurrieron dos cosas: la primera, más fácil, es que ya tenía la manera perfecta de medir el volumen de la corona: sumergirla en un recipiente rebosante y medir el volumen del agua desalojada; con este dato, y la densidad del oro, dato sencillo de obtener, tenía resuelto el problema. Todo esto para desgracia del orfebre, quien había estafado al rey mezclando el oro con un metal más barato y, grave error, más ligero. La segunda consecuencia del baño de Arquímedes, de mucho más interés para la ciencia, es que nuestro protagonista, al sumergirse, notó que el agua le empujaba hacia arriba, como si se resistiese a la inmersión. Y llegó a la conclusión de que esa fuerza de flotación del agua era igual al peso del agua desplazada en la inmersión, igual al peso del propio Arquímedes si éste estuviese hecho de agua. Esta propiedad se conoce en física con el nombre de *principio de Arquímedes,* y constituye el origen de la hidrostática, la parte de la física que estudia los líquidos embalsados, esto es, sin movimiento. Pero lo más divertido de esta historia es que, tan contento estaba Arquímedes de sus descubrimientos, que salió de la bañera gritando: "*¡Eureka!, ¡Eureka!*", que significa: "*¡Lo encontré, lo encontré!*". "¿Dónde está la gracia?", te preguntarás. Pues en que el genio, despistado como todos, se olvidó de vestirse antes de salir gritando del baño.

Arquímedes y la esfera

La labor matemática de Arquímedes no tiene igual en toda la matemática antigua. En su tratado *Sobre la esfera y el cilindro* obtiene varios resultados importantísimos e insospechados por su simplicidad. Por una parte, demuestra que *el área de la superficie esférica es de cuatro círculos máximos*. Por otra, obtiene la famosa fórmula del volumen de la esfera:

$$V = \frac{4}{3}\pi r^3$$

pero no expresada así. Los geómetras griegos nunca usan formulas sino relaciones entre figuras. Vamos a ver estas relaciones.

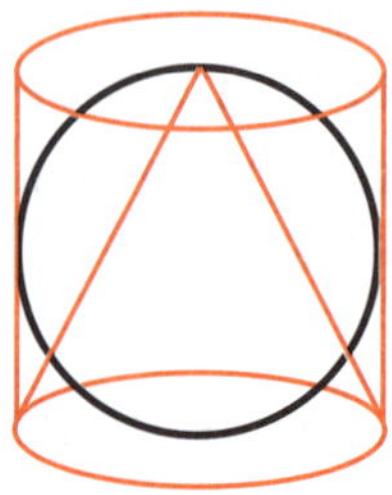

Consideremos esfera de radio *R* (en negro en la figura) y el cilindro circunscrito a ella (en rojo). El radio de su base es también *R* y su altura 2*R*. Su volumen es:

$$\textit{base} \times \textit{altura} = \pi R^2 \times 2R = 2\pi R^3$$

Ahora dibujamos el *cono* de igual base y altura que el cilindro (también en rojo). En los *Elementos* de Euclides se demuestra que el volumen de este cono es la tercera parte del volumen del cilindro (aunque Arquímedes atribuye este resultado al filósofo atomista Demócrito). Entonces, si hacemos cuentas, vemos lo siguiente:

$$\textit{volumen del cilindro} = 2\pi R^3 = \frac{4}{3}\pi R^3 + \frac{2}{3}\pi R^3 =$$
$$= \textit{volumen de la esfera} + \textit{volumen del cono}$$

Y también es fácil ver que:

$$\frac{\textit{volumen del cilindro}}{\textit{volumen de la esfera}} = \frac{3}{2} \qquad \frac{\textit{volumen de la esfera}}{\textit{volumen del cono}} = \frac{2}{1}$$

¿Te puedes imaginar la alegría que se hubiera llevado Pitágoras si hubiera llegado a saber que las relaciones entre los volúmenes de cuerpos geométricos tan básicos son los números enteros más sencillos? El propio Arquímedes estaba tan contento de este hallazgo que mandó que se grabase en su tumba una figura con una esfera y su cilindro circunscrito. Gracias a esa indicación, el sabio romano Cicerón pudo hallar la tumba de Arquímedes siglo y medio después, cuando ya estaba cubierta por matorrales y descuidada. Detalle éste que les valió a los siracusanos una buena bronca por parte de Cicerón, que les puso verdes por no saber siquiera que habían tenido un antepasado tan notable y que tanto había hecho por su ciudad.

Arquímedes, el círculo y el número π

En cuanto al círculo, y siguiendo la tradición iniciada por Eudoxo en el siglo IV, Arquímedes estudió con gran cuidado la relación entre los lados de los polígonos de n y $2n$ lados. En la figura que viene un poco más adelante, el radio de la circunferencia es $OA = r$. El lado del polígono de n lados es $AB = k$ (en negro en el dibujo) y el de $2n$ lados es $AC = l$ (en rojo). Es evidente que $OD + CD = r$. Si aplicamos el teorema de Pitágoras a los triángulos OAD y DAC, esta igualdad nos lleva a esta otra:

$$\sqrt{r^2-\left(\frac{k}{2}\right)^2}+\sqrt{l^2-\left(\frac{k}{2}\right)^2}=r$$

Y de aquí puedes llegar a lo siguiente:

$$l^2=2r^2-r\sqrt{4r^2-k^2}$$

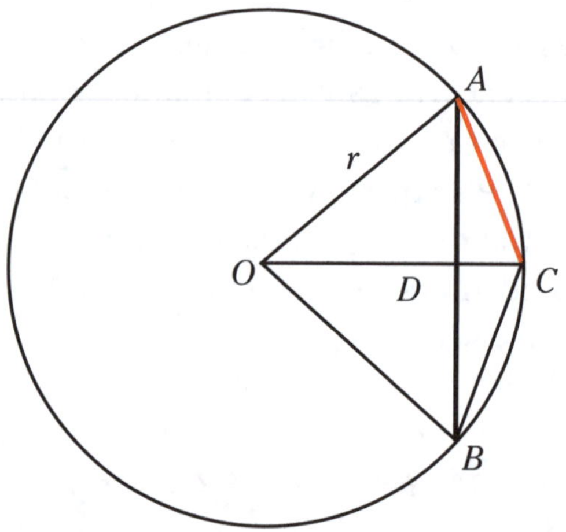

Partiendo del lado del hexágono regular, que es igual al radio del círculo, Arquímedes aplicó su fórmula para calcular el del polígono regular de doce lados, después el del polígono de 24 lados, y así cuatro veces, hasta obtener la longitud del lado y el perímetro del polígono de 6 x 2 x 2 x 2 x 2 = 96 lados, que ya se parece mucho a una circunferencia. De este modo, llegó a una muy buena aproximación para el número π, y muy útil por su sencillez:

$$3+\frac{10}{71}=\frac{223}{71}<\pi<3+\frac{1}{7}=\frac{22}{7}$$

Estos valores ya son simplificaciones de los verdaderos valores (demasiado complicados para ser útiles) que había obtenido para los polígonos inscrito y circunscrito de 96 lados. Por supuesto, tratándose de Arquímedes, no están hechas de cualquier manera, sino de la *mejor* manera posible: 22/7 proporciona una precisión increíble para ser una fracción tan simple. ¡Hasta en estas cosas tan prácticas la intuición de Arquímedes era extraordinaria! Los matemáticos chinos, que siempre mostraron gran pasión por obtener el mayor número posible de decimales exactos de π, siguieron duplicando el número de lados, llegando al polígono de 3.072 lados (correspondiente a 9 duplicaciones), y más. Como verás más adelante en el capítulo dedicado a la matemática china, *Tsu Chung Chi* (siglo VI) obtuvo (no sabemos cómo) una auténtica joya, equiparable en su simplicidad a la de Arquímedes: 335/113 da π con 6 decimales exactos.

Anímate y haz tú como los chinos: comprueba estos valores:

Número de duplicaciones	*Número de lados*	*Aproximación de π*
0	*6*	*3,000000000000001*
1	*12*	*3,105828541230250*
2	*24*	*3,132628613281237*
3	*48*	*3,139350203046872*
4	*96*	*3,141031950890530*
5	*192*	*3,141452472285345*
6	*384*	*3,141557607911622*
7	*768*	*3,141583892148936*
8	*1536*	*3,141590463236762*
9	*3072*	*3,141592106043049*

Para terminar, debes saber que Arquímedes también demostró que el número π de la fórmula de la superficie del círculo es el mismo que el de la de la longitud de la circunferencia. Recuerda que ya hablamos de eso en las matemáticas en Egipto. Arquímedes lo escribió así: *el área del círculo coincide con la del triángulo cuya base es la circunferencia y la altura es el radio del círculo.* Y es precisamente por esta propiedad por lo que podemos decir que el π de la *circunferencia* (que es la que le da el nombre, pues la letra griega π es la inicial de *perímetro*) sale también en la fórmula del área del *círculo.*

De Apolonio a Pappus: el canto de cisne

Algo más joven que Arquímedes, Apolonio de Perga (ciudad situada en el sur de la actual Turquía) fue un astrónomo muy importante y el último gran geómetra de la llamada *Edad de Oro* de la matemática griega, que es la que va de Eudoxo a Apolonio y cubre, más o menos, los siglos IV y III a.C. Su obra principal en el campo de la geometría es *Las cónicas,* imponente obra en ocho tomos. Tan completa y perfecta es que Apolonio pasó a ser conocido como el *Geómetra* sin más, como su envidiado Arquímedes era *el Maestro* y Aristóteles *el Filósofo.* Apolonio revolucionó completamente la teoría de cónicas (que, recuerda, se remonta a *Menecmo*, discípulo de Eudoxo en la Academia), rehizo las importantes aportaciones de Euclides a este campo, lamentablemente perdidas, y dejó tan alto el listón de la calidad en geometría que nadie se atrevió a intentarlo, salvo escasas excepciones.

Una excepción la constituye un matemático muy curioso, Herón de Alejandría, que vivió durante el siglo I de nuestra era, y cuya obra y estilo está tan fuera de la órbita de la matemática griega habitual que algunos intentaron *explicarlo* diciendo que seguramente "era de origen fenicio" (se les olvidó añadir: como Tales). Herón es uno de los inventores más geniales de la historia (desarrolló termostatos, termómetros de gas, máquinas de vapor, poleas y palancas de todo tipo, teatros automáticos e instrumentos de astronomía) y escribió un tratado llamado *Mecánica,* que durante siglos sirvió de libro de texto para ingenieros y arquitectos de todas partes. Otra obra suya, la *Métrica*, contiene (con y sin demostración) fórmulas de áreas y volúmenes muy al estilo babilónico (por lo cual ha sido despreciado por muchos como matemático de segunda, y sólo recientemente está siendo rehabilitado). Es cierto que su estilo dista mucho del marcado por Euclides, Arquímedes y Apolonio, pero no por ello dejan de ser válidas sus demostraciones. Un poco descuidadas y abreviadas, pero válidas.

Hay una preciosa fórmula llamada *de Herón* que, sin embargo, ciertos matemáticos árabes medievales atribuyen a Arquímedes: si a, b y c son los lados de un triángulo y $p = (a + b + c)/2$ es el semiperímetro, entonces su superficie S es:

$$S = \sqrt{p(p-a)(p-b)(p-c)}$$

Ahora verás cómo descubrió Herón una propiedad muy importante de la reflexión de la luz mediante un razonamiento estrictamente matemático, sin usar otra hipótesis física que la de que la luz sigue siempre el camino más corto. En la figura, el espejo plano es la línea horizontal en negro. ¿En qué punto del espejo incide un rayo que vaya de Q a P? Pues en el punto M, donde el espejo encuentra a la recta QP^* (siendo P^* el simétrico de *P* respecto del espejo). Esto es así porque el camino *QMP* es igual a QMP^*, y si el rayo de luz incidiera en cualquier otro punto *N* el camino ya no sería el más pequeño posible:

$$QNP = QNP^* > QMP^* = QMP$$

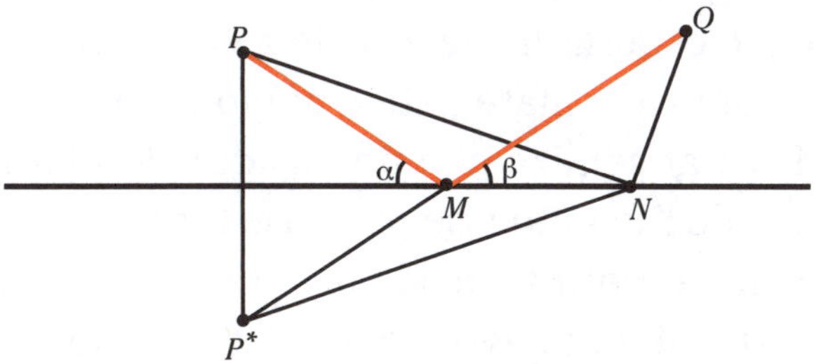

En consecuencia, los ángulos α y β llamados *incidente* y *reflejado*, deben ser iguales. Esa es la *ley de la reflexión,* que ya era conocida experimentalmente, pero fue Herón quien la *explicó* en términos geométricos.

Diofanto y Pappus, ambos de Alejandría, son los últimos grandes matemáticos griegos, y su época (250-350 d.C. aproximadamente) es denominada a veces la *Edad de Plata* de la matemática griega. Pappus es el último gran geómetra y escribió una *Colección matemática* en ocho tomos con muchas cosas originales pero, sobre todo, con una exposición concisa y muy elegante de la geometría clásica, la cual intentó revivir sin conseguirlo, pues los tiempos habían cambiado. Diofanto, en cambio, fue un matemático muy original y también muy atípico, un poco al estilo de Herón. Su interés era la aritmética y el álgebra, no la geometría, cosa extrañísima en un matemático griego, con la única excepción de los pocos pitagóricos que todavía quedaban, y Diofanto no lo era. Su obra no fue muy apreciada en su tiempo, no por su falta de calidad sino por su temática, y hubo que esperar hasta el siglo XVII, cuando un notario de Toulouse y matemático aficionado llamado Pierre de Fermat se hizo con una traducción latina de la *Aritmética* de Diofanto y se puso a estudiarla. Quedó tan entusiasmado por lo que allí leyó que se puso a inventar por su cuenta nuevos teoremas, uno de los cuales ha sido resuelto hace escasamente diez años. A lo mejor has oído hablar de él: se le llama el *último teorema de Fermat*, y dice simplemente: *Un cubo no puede escribirse como suma de dos cubos,* y, en general, ningún número que sea una potencia superior a 2 puede descomponerse como suma de dos potencias del mismo exponente. En símbolos, la ecuación:

$$z^n = x^n + y^n$$

con n entero mayor que 2 no tiene ninguna solución en números enteros no nulos. Si quieres conocer su demostración no vayas a la copia de Fermat de la *Aritmética* de Diofanto: verás que, escrito al margen, aparece la frase anteriormente subrayada, y también esta otra: *"y he descubierto una demostración realmente maravillosa que no me cabe en este estrecho margen".* Hemos tenido que esperar *sólo* 320 años para reconstruir la famosa demostración, y, eso sí, no cabía en el margen. ¡Casi requiere un libro entero!

Sello francés emitido en 2001 para conmemorar el cuarto centenario del nacimiento de Fermat.

La astronomía alejandrina: imbatible hasta Copérnico

Platón había dado la orden de salvar los fenómenos astronómicos, es decir, de explicar el movimiento de los planetas utilizando exclusivamente el movimiento circular uniforme, el único *digno de los dioses.* Al fin y al cabo, Platón había estudiado con los pitagóricos, y estos fueron los primeros en afirmar que la Tierra es una esfera y que los movimientos planetarios han de ser circulares y uniformes, si bien *no* pusieron a la Tierra en el centro del Universo. Más adelante, en la propia Academia, Eudoxo inventó un sistema elaboradísimo de *esferas concéntricas* engastadas unas en otras y que giran a velocidades distintas, con las cuales conseguía explicar parcialmente los movimientos observados. Pero, a diferencia de los pitagóricos, Eudoxo supuso que la Tierra era el centro común de las esferas. Se trata, pues, de un sistema *geocéntrico* (por *Gea*, diosa de la Tierra), el primero de ellos. A pesar de lo ingenioso del método, que marca el inicio de lo que se llama *astronomía matemática,* resultó ser francamente insuficiente.

Lo que hoy nos parece tan natural, que el Sol es el verdadero centro del sistema solar, y no la Tierra, fue propuesto por el astrónomo Aristarco de Samos, del que sabemos bien poco, y ese poco es gracias a Arquímedes. El sistema *heliocéntrico* (por *Helios,* dios del Sol) de Aristarco supone que los planetas (incluida la Tierra) giran alrededor del Sol con movimiento circular uniforme. El problema es que este modelo no se ajusta bien a los datos, y presenta muchas dificultades teóricas que sólo pudieron resolverse con la física de Galileo y sus sucesores. Por ejemplo, no se siente que la Tierra se mueva, ni se producen los vientos huracanados que cabría esperar de un movimiento de 30 km por segundo, y los objetos que se lanzan hacia lo alto no caen hacia un lado. El sistema heliocéntrico ha tardado muchos siglos en aceptarse por muchas razones, científicas en su mayoría, y además, pero no únicamente, por razones religiosas o ideológicas. Estas sí fueron importantes en la época de Galileo, pero no en la Grecia antigua, que rechazó el sistema heliocéntrico, sobre todo, por ineficaz: era muy difícil de creer, y no sólo por la gente de la calle o por los sacerdotes sino por los propios astrónomos.

Para superar los defectos de los sistemas mencionados, Apolonio, que además de geómetra fue un astrónomo de primera, ideó un sistema completamente nuevo y no menos imaginativo. Tomando como punto de partida la hipótesis de que los planetas se mueven alrededor de la Tierra en círculos concéntricos y a velocidades uniformes, Apolonio supuso que el punto que se mueve uniformemente sobre el círculo (llamado *deferente*, que en latín significa *portador*) es, en vez del propio planeta, el centro de otro círculo más pequeño (llamado *epiciclo,* del prefijo griego *epi,* que significa *sobre*, como en la palabra *epidermis*), y observó que, ajustando convenientemente las velocidades de giro y los radios del deferente y del epiciclo, se podían conseguir muchos efectos combinados interesantes, como explicar ciertos movimientos extraños de los planetas, los llamados movimientos retrógrados.

Este sistema fue utilizado y retocado con gran éxito por el gran astrónomo Hiparco de Nicea (nacido el mismo año en que murió Apolonio), que, oponiéndose a Aristarco, restableció el sistema geocéntrico, elaboró un catálogo estelar muy completo y fue, entre

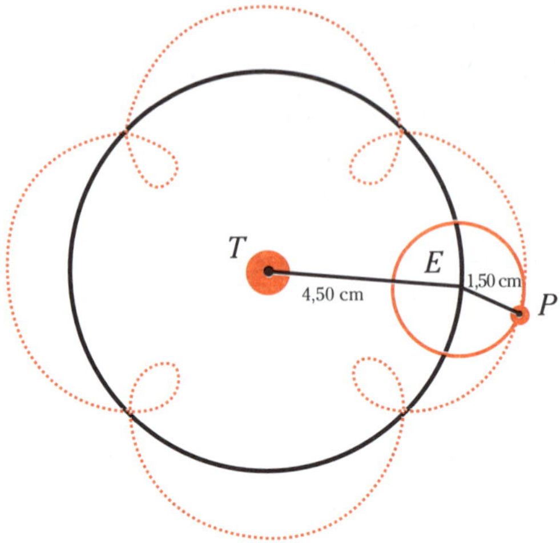

otras cosas, uno de los principales creadores e impulsores de la *trigonometría* como una parte de la geometría absolutamente necesaria para la astronomía.

Las modificaciones más decisivas las hizo siglos después el más importante astrónomo de la antigüedad (tras Hiparco), Ptolomeo de Alejandría. Escribió una obra de geometría y astronomía llamada *La Colección Mayor* (*Megiste Syntaxis* en griego) que tuvo casi tanto éxito como los *Elementos de Geometría* de Euclides. Se hizo tan famosa que la empezaron a llamar directamente *Megiste,* y los traductores árabes dejaron el título tal cual, pero colgándole el artículo árabe. De este modo fue conocida como el *Almagesto*, y llegó a ser el libro de astronomía más conocido de toda la Edad Media, tanto de la árabe como de la europea.

En esa obra fundamental propuso Ptolomeo importantes novedades sobre el sistema de Apolonio: por una parte, desplazó a la Tierra del centro del círculo deferente (nadie se había atrevido antes, excepto los pitagóricos y Aristarco). Pero eso no es todo: en la figura siguiente, en efecto, se ve que el centro del círculo (en rojo) *no* es la Tierra. Por ello se le llama *excéntrico*, no porque esté un poco chalado. El *ecuante* es un punto *E* que tiene la propiedad de que, situándose sobre él, el movimiento sobre el deferente *se ve como si fuese uniforme*. Y la Tierra, representada por el punto *T*, está exactamente al otro lado del ecuante respecto del centro del círculo deferente.

Pero Ptolomeo no se detuvo ahí en sus generalizaciones. Una vez abierto el melón, hay que consumirlo: ¿por qué no añadir *epiciclos sobre epiciclos*? Y añadiendo epiciclos, el sistema de Ptolomeo se podía adaptar

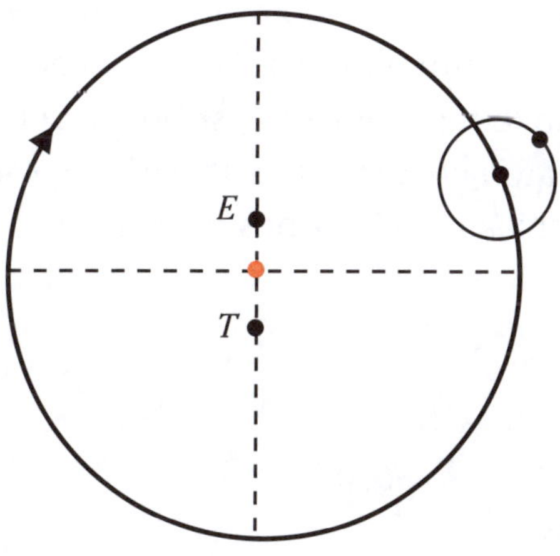

a cualquier lista de observaciones. Y así fue, hasta que, como verás en el último capítulo, el astrónomo polaco Copérnico tiró por tierra el edificio de Ptolomeo. Una de las críticas de Copérnico al sistema ptolemaico es que rompe el principio del movimiento uniforme, y que lo del ecuante no es sino una *chapuza*.

Chapuza o no, se demostró a principios del siglo XIX que cualquier fenómeno *periódico,* es decir, que se repite a intervalos regulares, puede aproximarse con la precisión que uno quiera (¿recuerdas a Eudoxo?) por un círculo deferente y un número suficientemente elevado de epiciclos sobre epiciclos. Al final va a resultar que, después de todo, Platón y su *mundo de las ideas*, y su abuelo espiritual Pitágoras tenían razón y que sus teorías eran algo más que puras especulaciones. Lo más curioso es que esta resurrección del movimiento circular uniforme (para describir otros fenómenos, no sólo los astronómicos) fue inspirada por un matemático, Ptolomeo, que, aunque no *agnóstico* (inventó una religión solar, y publicó un *best-seller* sobre astrología), no tenía nada de platónico, excepto su pasión por *salvar los fenómenos*, con las restricciones de Platón... o sin ellas.

7. LA MATEMÁTICA EN LA INDIA

Durante el tercer milenio antes de Cristo existió en el valle del Indo (que discurre por lo que actualmente es Pakistán) una civilización urbana, con escritura y arte muy desarrollados, relacionada con la primitiva cultura sumeria. El sistema de numeración que empleaban, muy rudimentario, consistía en palotes reunidos en grupos. Durante el segundo milenio a.C. entraron por la frontera del noroeste los indos, rama de los arios que introdujo el sistema social de castas y creó una importante literatura en lengua sánscrita. Esta época se llama védica, por los Vedas, que son los nombres de sus libros sagrados.

Entre los siglos VI y V a.C. aparece Buda, la gran figura de la espiritualidad hindú. Por esa época el valle del Indo pasa a formar parte del Imperio Persa hasta que éste es conquistado por Alejandro Magno.

En el siglo IV a.C. ya había en la India un sistema de numeración posicional de base diez. Siglos más tarde fue introducido un símbolo para el cero y desde entonces su manera de escribir los números es casi como la nuestra. También debemos a los indios el concepto de *seno* de un ángulo

Posteriores al período védico son dos poemas épicos, el *Mahabharata* y el *Ramayana*. El primero de ellos es creación de varios autores y en él aparecen, injertados alrededor de un argumento central, tanto discursos morales como historias ajenas a la trama. Muy probablemente es la obra literaria más extensa del mundo, tan larga como treinta veces la *Eneida*. No tan amplia y de más fácil lectura es el *Ramayana*, donde se narra la vida de Rama, un héroe que realiza asombrosas hazañas antes de ser coronado rey. En su forma primitiva fue escrito por Valmiki, considerado el primero de los poetas indios. Algunos episodios de estos poemas están en un libro titulado *Flor de Leyendas*, publicado en la colección Austral de Espasa. Si quieres leer el *Ramayana* completo, lo puedes encontrar traducido al castellano en Ediciones Ibéricas.

Aryabhata

La vida de Aryabhata transcurre entre los siglos V y VI. Es el más antiguo de los matemáticos hindúes cuya obra se conserva. Su obra fundamental, llamada por la posteridad *Aryabhatiya*, es un libro en verso en el que se habla de progresiones, áreas y volúmenes. También aparece allí una tabla de los senos de los ángulos menores que un recto para veinticuatro intervalos angulares, cada uno de ellos igual a tres grados más tres cuartos de grado.

El método de multiplicación hindú

Para hacer multiplicaciones, los matemáticos hindúes usaban un procedimiento que, con el tiempo, se llegó a utilizar en China y Europa. Vamos a explicarlo multiplicando 9235 por 426:

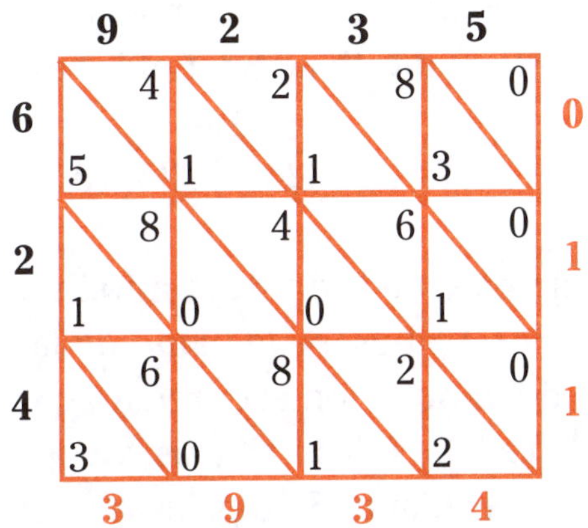

En primer lugar, dibujamos doce cuadrados, dispuestos en cuatro columnas y tres filas. En la parte superior se colocan las cifras del número mayor y a la izquierda los del menor (empezando por abajo). En el dibujo estas cifras están resaltadas en negrita. De este modo, a cada cuadrado le corresponden dos cifras negras (igual que si estuviéramos jugando a los submarinos). Las multiplicamos y colocamos el resultado en el cuadrado, la cifra de las decenas en el ángulo inferior izquierdo y la de las unidades en el superior derecho, separadas por una diagonal. A continuación sumamos los números que están en la misma diagonal empezando por la de la derecha (que solo tiene una cifra), después los de la siguiente a su izquierda (que tiene tres), y así sucesivamente. Si los elementos de una diagonal suman más que diez, la cifra de las decenas se suma a la diagonal siguiente. El número que aparece bordeando los cuadrados (resaltado en rojo en el dibujo), empezado a leer desde el extremo inferior izquierdo es el resultado de la multiplicación. Entonces:

$$9235 \times 426 = 3934110$$

Cuando este método llegó a Italia en el siglo XIV, llevado por los árabes, se le llamó de la *celosía*, por la semejanza del dibujo con el enrejado que adornaba las ventanas de las ciudades italianas, y con ese nombre se le conoció en Occidente. Si lo piensas un poco, verás que el fundamento del método de la celosía es el mismo que el del procedimiento utilizado entre nosotros.

La prueba de los nueves

La prueba de los nueves, hoy en desuso pero todavía utilizada por nuestros abuelos, tiene muy probablemente origen hindú. Está basada en dos ideas. La primera, que un número cualquiera y el obtenido al sumar todas sus cifras siempre dan el mismo resto al ser divididos por nueve. Pensemos, por ejemplo, en el número

5368. La suma de sus cifras es 22. Si dividimos los dos números por 9 vemos cómo, en efecto, los restos de ambas divisiones son idénticos:

```
5 3 6 8 |9                 2 2 |9
  8 6    5 9 6               4  2
    5 8
      4
```

Esto nos permite averiguar el resto de una división por 9 sin hacer la división. Imagínate que por alguna razón necesitamos conocer el resto de dividir 9587284 entre 9. La suma de las cifras de 9587284 es 43, la de las de 43 es 7, y como los tres números dan idéntico resto al ser divididos por 9, este resto solo puede ser 7. En efecto:

```
7 |9
7  0
```

La segunda idea es que si en una multiplicación sustituimos los factores y el producto por los restos que resultan al ser divididos entre 9, obtenemos una nueva multiplicación tal que, si la primera es correcta, la segunda también lo es. Para ilustrar esto, verificaremos la multiplicación 957 x 83 = 79431. Si calculas los restos de dividir cada uno de los tres números por 9 (y ya sabes que para ello no hace falta hacer las divisiones) verás que son 3, 2 y 6, respectivamente. Y es evidente que la cuenta 3 x 2 = 6 está bien hecha. Y en esto consiste la célebre prueba de los nueves, en sustituir los elementos del problema por otros más sencillos. Con todo, no es infalible, y cierto tipo de errores no los detecta. Supón que, sin querer, has intercambiado entre sí dos cifras en el resultado (lo que se llama a veces un *baile de cifras*) y has puesto 957 x 83 = 74931. Esta multiplicación es incorrecta, pero la prueba de los nueves te la daría por buena.

Brahmagupta

Vivió Brahmagupta durante el siglo VII y fue el más grande matemático hindú. Hacia el 628 escribió una obra de astronomía titulada *El sistema revisado de Brahma*, varios de cuyos capítulos tratan de matemática y contienen importantes novedades. Entre ellas está el teorema del seno, ya conocido por Ptolomeo para las cuerdas, enunciado en lenguaje trigonométrico moderno. Pero su más importante aportación geométrica es un teorema muy semejante al de Herón, de quien ya hemos hablado: si a, b, c y d son los lados de un cuadrilátero inscrito en un círculo (como puedes ver en la figura) y $p = (a + b + c + d)/2$ es el semiperímetro, entonces su superficie S es:

$$S = \sqrt{(p-a)(p-b)(p-c)(p-d)}$$

La textos de Brahmagupta son oscuros, y es difícil saber si era o no consciente de que su fórmula no es cierta para cualquier cuadrilátero, pero sí sabía que haciendo $d = 0$ se obtiene un teorema válido para triángulos.

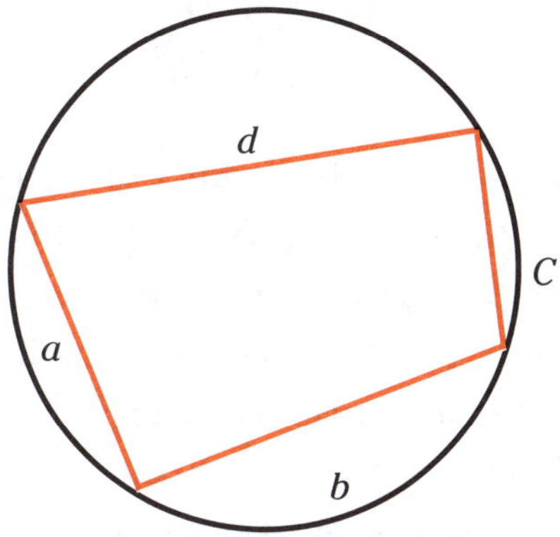

Las contribuciones algebraicas de Brahmagupta son, si cabe, de más importancia que las geométricas. Estudió la ecuación de segundo grado teniendo en cuenta las dos soluciones, aun cuando una de ellas fuera negativa o irracional. Precisamente es en su obra donde, por primera vez en la historia, aparece sistematizada la aritmética del cero y de los números negativos.

También se ocupó Brahmagupta de las ecuaciones indeterminadas. Vamos a ver en qué consiste esto de las ecuaciones indeterminadas. Cuando te proponen una ecuación, por ejemplo, del tipo $3x + 10 = 16$ sabes que has de encontrar un número que puesto en lugar de la incógnita haga que la igualdad sea cierta. En nuestro caso, esto solo sucede cuando $x = 2$. Cualquier otro número que coloques en vez de la x dará lugar a una falsedad. Ahora se te dan dos ecuaciones, cada una de ellas con dos incógnitas, por ejemplo, éstas que vienen a continuación:

$$\left.\begin{array}{r} 3x+5y=18 \\ 4x+2y=10 \end{array}\right\}$$

Resolver el conjunto de las dos ecuaciones (lo que habitualmente se llama un *sistema*) consiste en dar con un par de números de tal modo que puestos el primero en el sitio de la x y el segundo en el de la y haga que las dos ecuaciones se conviertan en dos igualdades. Si haces las cuentas verás que $x = 1$ e $y = 3$, y que con ningún otro par de números pasa esto.

¿Y qué hacer si tenemos *una* ecuación con *dos* incógnitas?, por ejemplo, $3x + 5y = 60$. Si se trata de determinar un par de números que la verifique, tenemos infinidad de ellos. Para encontrarlos, pones un número cualquiera en lugar de una de las incógnitas, pongamos por caso la x, y de este modo la ecuación queda con una sola incógnita, la cual se puede despejar fácilmente. Por ejemplo, si $x = 10$, entonces $y = 6$, si $x = 15$, $y = 3$, si $x = 1$, $y = 57/5$… y así hasta que te canses. La ecuación se llama *indeterminada* por esta razón, por tener muchas soluciones. Pero puede suceder que, de todas ellas, solo nos interesen algunas, por ejemplo las enteras. Y aquí está la aportación de Brahmagupta, en un procedimiento para conseguir todas las soluciones enteras de una ecuación con coeficientes enteros. Para empezar, vio que dichas soluciones pueden no existir. Esto es fácil de entender. Supón que la ecuación $4x + 6y = 17$ tiene soluciones enteras. Entonces existirían dos números enteros x e y tales que, si multiplicas el primero por 4, el segundo por 6, y sumas ambos productos, el resultado daría 17. Ahora bien, cualquier número entero multiplicado por 4 da un número par, cualquier otro número entero multiplicado por 6 también da un número par, y la suma de dos números pares nunca puede ser un número impar. Luego la ecuación anterior no tiene solución entera. Brahmagupta diría, sencillamente, que no tiene solución.

Volvamos a la ecuación $3x + 5y = 60$, de la que ya encontramos por tanteo la solución entera $x = 10$ e $y = 6$. Brahmagupta demostró que si tiene una, entonces tiene infinitas, y que para encontrarlas no hay más que dar valores enteros al número t que aparece en las fórmulas:

$$x = 10 + 5t$$
$$y = 6 - 3t$$

Efectivamente, como muy bien puedes comprobar, cualquiera que sea el número entero t (positivo o negativo, eso es igual), los números x e y que resultan cumplen la ecuación. A veces es útil ordenar las soluciones que vayas obteniendo en una tabla como la siguiente:

t	x	y
0	10	6
1	15	3
2	20	0
3	25	-3
4	30	-6
-1	5	9
-2	0	12
-3	-5	15
-4	-10	18

El número de soluciones es infinito, y puedes prolongar la tabla hasta donde la paciencia te alcance. Te habrás fijado que el valor $t = 0$ proporciona la solución que ya conocías, la descubierta por tanteo y que sirvió de apoyo para encontrar todas las demás.

Estas ecuaciones, de las que solo nos interesamos por sus soluciones enteras, se llaman actualmente *ecuaciones diofánticas*, en recuerdo de Diofanto de Alejandría, quien se interesó por problemas parecidos.

Bhaskhara

Vivió Bhaskhara en el siglo XII, y es el último gran matemático de la India medieval. En su tratado más conocido, al que llamó *Lilavati*, reunió diversos problemas procedentes de Brahmagupta y de otras fuentes.

Lilavati es el nombre de la hija de Bhaskhara. El día de su nacimiento, cuenta una leyenda, los astros predijeron que moriría soltera. Con los años, Lilavati se convirtió en una bella mujer y su padre, queriendo contrariar al destino, le buscó un hermoso joven como marido. Después convocó a los astrólogos más célebres, y entre todos señalaron la hora precisa en que la boda debía celebrarse.

Prepararon una clepsidra, consistente en un depósito cilíndrico con la base perforada, metido en un recipiente lleno de agua. De este modo, el agua entraba en el cilindro, y cuando éste quedara del todo hundido, sería llegado el momento de oficiar el matrimonio. Lilavati quiso ver cómo entraba el agua y se asomó a la clepsidra. Una de las perlas que la adornaban cayó dentro y obstruyó el orificio sin que nadie se diera cuenta. Así, la hora propicia nunca llegó y el novio, aconsejado por los astrólogos, huyó. Bhaskhara aceptó la inutilidad de enfrentarse al destino, y para consolar a su hija, dio su nombre a su obra más importante. De esta manera, el nombre de Lilavati vivió para siempre, y esto fue para ella como una segunda vida.

Entre los problemas más populares del *Lilavati* están el *problema del bambú roto* y el *problema del pavo real*. Te los propongo a continuación para que intentes resolverlos tu mismo:

El primero de ellos es así: *Un bambú de 32 codos de altura es roto por el viento, de tal manera que su extremo superior queda apoyado en la tierra a una distancia de 16 codos de su base. ¿A qué altura del suelo se produjo la rotura?*

El segundo es como sigue: *Un pavo real está posado en lo alto de un poste, en cuya base una culebra tiene su agujero. El ave localiza a la culebra a una distancia del pie del poste igual a tres veces su altura, se lanza sobre ella mientras ésta intenta ganar su nido, y la apresa cuando ambos han recorrido la misma distancia. ¿A qué distancia del agujero tuvo lugar la captura?*

8. LA MATEMÁTICA CHINA

El origen del imperio chino se remonta al tercer milenio antes de Cristo. En el año 1122 a.C. comienza la dinastía Chu, de carácter feudal. Bajo su dominio aparecen los dos grandes pensadores chinos: Lao Tse (nacido el 604 a.C.), que funda un sistema filosófico y religioso llamado taoísmo, y Confucio (551-479 a.C.), creador de un sistema moral que llegó a ser la religión del estado.

En el año 265 a.C. llega al poder la familia Tsin (de la cual viene el nombre de China). Su emperador más importante es Tcheng, quien acaba con el feudalismo, manda quemar los libros de Confucio y termina la Gran Muralla.

Con el asesinato del hijo de Tcheng acaba la dinastía Tsin y toma el poder la dinastía Han, que se mantiene unos cuatrocientos años, y durante la cual entra el budismo en China. Los estudiosos se dedicaron a transcribir textos literarios y a buscar manuscritos que se hubieran salvado de la destrucción. De entonces procede la obra *Nueve capítulos sobre las Artes Matemáticas*, que es para la matemática china tan relevante como los *Elementos* en la matemática occidental, y, lo que es quizás más importante, el invento del papel.

Revoluciones campesinas y luchas religiosas debilitan la dinastía, que es derrocada en el año 220 d.C. y comienza un período de ruptura. La dinastía Sui reunifica el país en el siglo VI y realiza grandes obras hidráulicas, pero es de corta duración. Es sustituida por la dinastía Tang, durante la cual China se abre a influencias extranjeras y conoce una época de esplendor cultural. En el siglo X se inicia la dinastía Sung, la más larga de la historia de China, y durante la cual culminan muchos desarrollos iniciados anteriormente.

Sistemas de numeración en China

En China se utilizaron desde los tiempos más primitivos dos sistemas de numeración, ambos de base 10. El primero es multiplicativo y consta de los trece signos siguientes:

<table>
<tr><td>1</td><td>2</td><td>3</td><td>4</td><td>5</td><td>6</td><td rowspan="2">10000</td></tr>
<tr><td>一</td><td>二</td><td>九</td><td>四</td><td>五</td><td>六</td></tr>
<tr><td>7</td><td>8</td><td>9</td><td>10</td><td>100</td><td>1000</td><td rowspan="2">萬</td></tr>
<tr><td>七</td><td>八</td><td>九</td><td>十</td><td>百</td><td>千</td></tr>
</table>

Con este sistema se escribe 5627 del siguiente modo:

五千 六百 二十 七

Se puede observar que dos signos consecutivos se multiplican, y dos signos (o pares de signos) con un espacio entre ellos se suman. De este modo, la expresión anterior transcrita literalmente a nuestro sistema, sería la siguiente:

$$5 \times 1000 + 6 \times 100 + 2 \times 10 + 7$$

El segundo sistema es posicional, y utiliza los dieciocho signos siguientes:

1	2	3	4	5	6
𝍠	𝍡	𝍢	𝍣	𝍤	𝍥
7	8	9	10	20	30
𝍦	𝍧	𝍨	𝍩	𝍪	𝍫
40	50	60	70	80	90
𝍬	𝍭	𝍮	𝍯	𝍰	𝍱

Estos signos se colocan alternativamente. En los lugares de las unidades, centenas y decenas de millar, se utilizan los nueve primeros signos, en los de las decenas y millares, los nueve últimos. Por ejemplo, el 56789 se escribe así:

Los *Nueve capítulos sobre el Arte Matemática*

Los *Nueve capítulos sobre el Arte Matemática* consisten en una colección, escrita alrededor del año 250 a.C., de 246 problemas que tratan sobre agrimensura, ingeniería, impuestos, resolución de ecuaciones y triángulos. Algunos están resueltos mediante la regla de tres y en otros encontramos raíces cuadradas y cúbicas. En el capítulo VIII hay problemas que llevan a ecuaciones lineales, con números positivos y negativos, el último de ellos con cuatro ecuaciones y cinco incógnitas. Los del capítulo IX están dedicados al triángulo rectángulo. Algunos de estos problemas aparecerían más tarde en colecciones que circularon por la India y Europa.

Tsu Chung Chi

Nació el año 430 d.C. y murió en el 501. Mediante cálculos que ignoramos (su obra se ha perdido) adjudica el valor 355/113 para el número π. Es precisamente el resultado de restar los numeradores y denominadores de las fracciones 377/120 y 22/7, que son los valores que habían dado Ptolomeo y Arquímedes respectivamente. Es una aproximación buena en seis cifras exactas, y no fue superada en Europa hasta el siglo XV.

Chu Shih Chieh

Vivió entre los siglos XIII y XIV y escribió *Introducción a los estudios matemáticos*, libro que, si bien de carácter elemental, ejerció una notable influencia en China y Japón. Pero su obra más importante es *Espejo precioso de los Cuatro Elementos*. Los cuatro elementos a los que alude el título son el cielo, la tierra, el hombre y la materia, y representan las cuatro incógnitas de una ecuación. Este libro recoge muchos resultados anteriores y representa el cenit del álgebra en China.

Aparece en este libro un curioso procedimiento para resolver ecuaciones, llamado del *fan-fa* (aunque en occidente se le conoce como método de Horner, un matemático muy posterior). Te lo explicaré mediante el siguiente ejemplo:

$$x^2 + 252x - 5292 = 0$$

Si en lugar de la incógnita pones un 19 y haces todas las cuentas, verás que sale un número negativo. En cambio, si haces lo mismo con el 20 el resultado es un número positivo. Es evidente entonces que existe una solución mayor que 19 y menor que 20. Haces ahora la transformación $x = z + 19$ y conviertes la ecuación en esta otra:

$$(z+19)^2 + 252(z+19) - 5292 = 0$$

Si desarrollas el cuadrado y agrupas los términos semejantes, queda de esta forma más sencilla:

$$z^2 + 290z - 143 = 0$$

Una de sus soluciones está entre 0 y 1. Esto se desprende de los cálculos que acabas de hacer. Si no estás convencido, da a la incógnita los valores de 0 y 1 y comprobaras que el polinomio del primer miembro toma valores de signos opuestos. Si tomas $z = 1$ como solución, cometes un error bastante gordo. Ahora bien, si escribes la ecuación de la forma $z(z + 290) = 143$ y haces $z = 1$ *solo en el segundo factor* y despejas la otra z, saldrá un número más pequeño que uno y más cerca de la verdadera solución:

$$z \cong \frac{143}{1+290} = \frac{143}{291}$$

Deshaces el cambio de incógnita, y tienes una buena aproximación de la raíz de la ecuación inicial:

$$x \cong z + 19 = 19 + \frac{143}{291}$$

Para comprobar hasta qué punto es buena esta solución, pásala a forma decimal, sustitúyela en la ecuación y haz todas las cuentas con ayuda de tu calculadora. Verás como no sale 0, pero sí un número muy cercano a él.

El *fan-fa* ya había sido utilizado en un tratado algo anterior para calcular raíces cuadradas. Buscar la raíz cuadrada de 95, por ejemplo, equivale resolver la ecuación $x^2 - 95 = 0$. La solución está entre 9 y 10, entonces pones $z + 9$ en lugar de la x, repites todas las operaciones que hicimos antes y llegas a la ecuación $z(z + 9) = 14$

La segunda z la sustituyes por 1 y la otra la despejas. Sale $z = 14/19$, y en consecuencia $x = 9 + 14/19 =$ $= 9{,}736$. Puedes comprobar que $\sqrt{95} = 9{,}746$, luego no es una aproximación del todo mala. Este procedimiento nos puede parecer hoy día muy tosco, pero piensa que con pocas cuentas se podía llegar a resolver ecuaciones con una precisión muy aceptable por entonces. Intenta tu mismo calcular raíces cuadradas por el método del *fan-fa*, y luego coteja el resultado con lo que diga la calculadora. ¿Por qué el resultado es unas veces más preciso y otras menos? Reflexiona sobre esto.

En el *Espejo precioso* aparece además el llamado *triángulo aritmético* (conocido en Occidente como triángulo de Pascal), que resuelve un problema que puede te hayas planteado alguna vez. Acuérdate de cuando te hicieron estudiar eso de que *el cuadrado de una suma es igual al cuadrado del primero, más el doble del primero por el segundo más el cuadrado del segundo*. También tuviste que aprender que *el cubo de una suma es igual al cubo del primero, más el triple del cuadrado del primero por el segundo, más el triple del primero por el cuadrado del segundo, más el cubo del segundo*. A lo mejor te has preguntado ¿existirá una fórmula para la potencia cuarta de una suma? ¿Y para la potencia quinta? ¿Y para las demás potencias? ¿Cómo se puede uno acordar de todas? La respuesta es que sí, que existe una fórmula para cualquier potencia de una suma, y además hay un modo de fabricarla sin necesidad de forzar la memoria. Consideremos una colección de filas de números, como la que ves a continuación:

1 1

1 2 1

1 3 3 1

1 4 6 4 1

1 5 10 10 5 1

1 6 15 20 15 6 1

. . . .

Cada fila empieza y acaba con un 1, y los números intermedios de cada fila son la suma de los dos que tiene encima. Pues bien, los números de cada fila corresponden a los coeficientes del desarrollo de la potencia de una suma de exponente igual al lugar que ocupa la fila. Piensa en las fórmulas del cuadrado y el cubo de una suma, de las que hablamos antes:

$$(a + b)^2 = a^2 + 2ab + b^2$$
$$(a + b)^3 = a^3 + 3a^2b + 3 + b^2$$

Si te fijas, verás que los coeficientes del cuadrado de una suma son 1, 2 y 1, precisamente los elementos de la segunda fila, y los del cubo 1, 3, 3 y 1, los elementos de la tercera. ¿De donde sacamos ahora una fórmula para $(a + b)^4$? Pues no hay más que tomar como coeficientes los elementos de la cuarta fila, y tener presente que los exponentes de a han de ir decreciendo y los de b creciendo:

$$(a + b)^4 = a^4 + 4a^3b + 6a^2b^2 + 4ab^3 + b^3$$

Si queremos construir una fórmula para $(a + b)^6$, prolongamos el triángulo de números hasta su sexta fila, y ya está:

$$(a + b)^6 = a^6 + 6a^5b + 15a^4b^2 + 20a^3b^3 + 15a^2b^4 + 6ab^5 + b^6$$

¿Te atreverías a buscar la fórmula para $(a + b)^{10}$?

9. LA MATEMÁTICA EN LA EDAD MEDIA

En el siglo VIII a.C., dice la tradición, fue fundada la ciudad de Roma., y a principios del siglo III a.C. ya dominaba toda Italia. A partir de entonces inició una política expansiva que la convirtió en cabeza de un imperio que abarcaba todo el mundo Mediterráneo. Sus legiones llegaron, por el oeste, hasta España, y por el este, hasta Grecia y Asia Menor (lo que hoy es Turquía). La cultura de los griegos fascinó a los conquistadores hasta tal punto que llegaron a considerarse sus herederos y depositarios. Tanto fue así que hoy hablamos del mundo clásico para referirnos a las culturas romana y griega como un todo.

En el año 395 de nuestra era muere el emperador romano Teodosio, y divide el imperio entre sus dos hijos. A Honorio le deja la parte occidental, con capital en Roma, y a Arcadio la de oriente, con capital en Constantinopla. La antigua unidad imperial queda rota para siempre. El imperio de Occidente duró hasta 476, cuando Odoacro, rey de los hérulos, depone al último emperador de Occidente. El de Oriente, también conocido como Imperio Bizantino, llegó hasta el año 1453, en el que fue conquistado por Mehmet II, emperador de los turcos otomanos. El período de tiempo que transcurre entre las caídas de ambos imperios, más de mil años, es lo que habitualmente llamamos la *Edad Media*. En la mitad oriental la tradición griega se fue manteniendo, mientras que en la occidental, bajo la influencia germánica, sucedió lo contrario. Por esta razón la Edad Media es considerada por algunos historiadores de la ciencia como una época de oscuridad e ignorancia. Y esto es en parte cierto y en parte no. Es verdad que ni de lejos se alcanzó el nivel de creatividad del mundo clásico, pero también lo es que, desde los primeros tiempos, hubo quienes lucharon por mantener, siquiera precariamente, algunos restos del saber griego, y durante los últimos siglos se trabajó muy en serio para recuperarlo. Además, en mil años pueden suceder muchas cosas, y no se debe descalificar globalmente una época histórica que abarca tantísimo tiempo.

Compiladores y enciclopedistas

Vamos a conocer algunos de los primeros estudiosos medievales, los pioneros en recoger y divulgar lo poco que de la ciencia griega había sobrevivido a la caída del Imperio. Uno de ellos es el romano Severino Boecio (480-524), que tuvo cargos políticos importantes bajo el reinado de Teodorico. Como hombre de estado, Boecio fue de una honradez intachable, pero caído en desgracia por razones no del todo claras, fue ejecutado tras una larga detención. Durante su estancia en prisión escribió *De consolatione philosophiae*, su obra más conocida, pero lo que ahora nos interesa son sus trabajos matemáticos, que consisten en una *Aritmética*, una *Geometría* y una *Astronomía*. La primera está basada en una obra de Nicómaco de Gerasa, un neopitagórico originario de Judea que vivió alrededor del año 100 de nuestra era. El libro de Nicómaco es poco original, pero tiene importancia por dos motivos. El primero, porque es una fuente para conocer la matemática pitagórica. El segundo, porque al caer en las manos de Boecio, tuvo a través de él una notable influencia posterior. Por casualidades de la historia, un libro de escaso interés científico puede tener un papel decisivo en el mantenimiento o transmisión de saberes.

Un discípulo de Boecio fue Casiodoro (490-565), natural de Calabria. Tuvo cargos públicos y murió en un monasterio que él mismo había fundado. Es autor de una *Aritmética* que resume la de su maestro. Su mayor mérito estriba en haber iniciado a los monjes de su monasterio en el estudio y copia de textos antiguos. Esta actividad se convirtió en cosa muy corriente en los monasterios medievales, y esto fue algo importantísimo para la conservación de la cultura. Ya solo por ello, la ciencia tiene con Casiodoro una deuda impagable.

Otro enciclopedista importante es San Isidoro (570-636), que vivió en España cuando ésta estaba gobernada por los reyes visigodos. Arzobispo de Sevilla y protegido del rey Sisebuto, escribió una enciclopedia en veinte tomos, las *Etimologías*, en cuyo libro tercero, dedicado a las matemáticas, dice que los números deben ser estudiados, entre otras razones, porque sin ellos no se entienden muchos pasajes de las escrituras. A continuación, resume la *Aritmética* de Boecio y proporciona una clasificación elemental de las figuras geométricas. La obra de Isidoro fue muy popular en la Baja Edad Media, y no había biblioteca monástica, por poco importante que fuera, que careciera de ella.

Beda el Venerable (673-735) nació en Inglaterra, cuando este país estaba dividido en siete reinos. Sabía griego, cosa poco frecuente en la Europa occidental, y de todos los estudiosos alto medievales es sin duda el de más valía y de prestigio más perdurable. Su obra matemática está en un libro donde habla de medidas de tiempo, cálculos astronómicos, cronología histórica y cosmología. Los tratados de Beda sobre el calendario tuvieron vigencia durante cinco siglos y todavía fueron utilizados después de la reforma gregoriana del siglo XVI (acuérdate, ya dijimos en que consistió esta reforma cuando hablábamos de Eratóstenes)

El Renacimiento carolingio

En el siglo IV, un pueblo germánico, los francos, había cruzado el Rin hacia el oeste sin que Roma pudiera evitarlo. La mayor parte de ellos, dirigidos por la familia de los merovingios, se estableció en las Galias. El más importante representante de esta dinastía es Clodoveo, quien vivió entre los siglos V y VI, y fue el verdadero fundador del reino franco. Durante el siglo VII, los reyes merovingios fueron suplantados en las tareas de gobierno por sus mayordomos. Uno de estos mayordomos, Pipino el Breve, desposeyó al último merovingio y se proclamó rey. Su sucesor Carlos, conocido habitualmente como Carlomagno, reavivó la idea del imperio, nunca olvidada del todo, lo que le llevó a seguir una política expansionista. El día de Navidad del año 800, Carlos fue coronado en San Pedro como emperador de los romanos por el papa León III. Sobre Carlomagno puedes leer una novela de Harold Lamb que se titula así, *Carlomagno*.

Por la necesidad de mantener la unidad del imperio, Carlos precisaba de funcionarios con una cierta preparación. Por estas y otras razones, promovió y animó los estudios, creó la Escuela Palatina en Aquisgrán y renovó las escuelas monásticas, dando lugar así al llamado Renacimiento carolingio. Para esta tarea buscó en otros países hombres preparados que no encontraba entre los francos. Entre ellos estaba el inglés Alcuino de York (735-804), a quien encargó Carlomagno la dirección de la Escuela Palatina. A Alcuino se debe una obra matemática para la juventud que es una colección de unos treinta acertijos y proposiciones de aritmética y geometría. Es la primera obra escrita de matemática recreativa. Como ejemplo, te cuento el problema número veintiséis:

En un camino hay un perro, y a 150 pies una liebre. El perro corre para cazar a la liebre, pero cada vez que avanza nueve pies, la liebre avanza siete. ¿Cuántos pies recorre el perro hasta capturar a la liebre?

La distancia entre ambos es 150 pies. La mitad de 150 es 75. Para resolverlo, Alcuino razona de esta manera: el perro avanza nueve pies por cada dos que se acerca a la liebre, y nueve veces 75 son 675. Estos son los pies que el perro recorre antes de atrapar la liebre. Y porque siete veces 75 son 525, estos son los pies que recorre la libre antes de ser atrapada.

La matemática árabe

Entretanto, en la península de Arabia, habitada hasta el siglo VII por tribus independientes, habían sucedido cosas que iban a cambiar el mundo. Un hombre llamado Mahoma había conseguido unir a todas las tribus bajo una nueva religión. El nombre de esta religión es *islam*, palabra árabe que significa *sumisión*. Su doctrina y sus preceptos están contenidos en un libro que conocemos como el *Corán*, que quiere decir *recitación*. El islam es una religión con vocación universal. Desaparecido el profeta Mahoma, sus fieles consideraron un deber hacerlo llegar a los no árabes. Comenzó una era de conquistas y en poco más de cien años se formó un imperio que abarcaba desde España hasta las fronteras de China. A los árabes les sucedió con los pueblos conquistados lo mismo que a los romanos con los griegos: se interesaron por la cultura de los pueblos invadidos, la asimilaron y la hicieron suya. Después la transmitieron y la enseñaron. De la India trajeron el sistema de numeración posicional de base diez y las ecuaciones algebraicas. También tradujeron al árabe muchas obras científicas griegas.

La época dorada de la ciencia árabe comienza cuando el califa abbasí, al-Mansur, trasladó la capital a Bagdad, adoptó maneras persas, y se rodeó de científicos y traductores. El tercer califa fue al-Mahdí, y en el año 786 sube al trono su hijo Harum al-Rashid, el más conocido en occidente gracias a *Las mil y una noches.* Con él comienza el período más brillante del califato de Bagdad. Ordenó recolectar manuscritos griegos y durante su reinado fue traducida al árabe parte de la obra de Euclides. Su hijo y sucesor, al-Mamún, fundó una Casa de la Sabiduría, al estilo de la antigua biblioteca de Alejandría. En ella trabajaron los que entonces eran los mejores matemáticos del mundo, y allí fueron traducidas obras de Ptolomeo, Euclides, Galeno, Hipócrates y Dioscórides.

La obra literaria árabe más famosa es, sin duda, *Las mil y una noches*. Lo malo es que tiene más de tres mil páginas. Si no te sientes con ánimo para leerla completa, puedes conformarte con una muy buena selección que hay publicada en Alianza Editorial. Más breve y fácil de leer es *Calila y Dimna*, una colección de cuentos de origen indio traducida al árabe alrededor del año 750 por Abdalá Benalmocaffa. En el siglo XIII fue vertida al castellano por orden de Alfonso X el Sabio. También esta obra la puedes encontrar en Alianza Editorial.

El matemático más importante de la época de Bagdad fue Mohammed ibn-Musa al-Jwarizmi, quien vivió aproximadamente entre los años 780 y 850 y fue miembro de la Casa de la Sabiduría.

Escribió una *Aritmética* en la cual se expone el sistema de numeración posicional mediante cifras hindúes, y a continuación se explica cómo nombrar los grandes números usando los conceptos de unidad, decena, centena y millar que se acababan de definir. Se sirve como ejemplo de 1.180.703.051.492.863, que se ha de leer de la manera siguiente:

Un mil de mil de mil de mil y de mil, y un ciento de mil de mil de mil y de mil, y ochenta de mil de mil de mil y de mil, y setecientos de mil de mil y de mil, y tres mil de mil y de mil, y cincuenta y uno de mil y de mil, y cuatrocientos mil, y noventa y dos mil, y ochocientos sesenta y tres.

También es autor al-Jwarizmi de un tratado de álgebra. El título completo del tratado es *al-Mujtasar fi hisab al-jabr wa-l-muqabala*. La palabra *jabr* quiere decir insertar, en el sentido médico de colocar en su lugar un miembro dislocado. En el contexto de las ecuaciones algebraicas significa transposición de términos: cuando se elimina un sumando en un miembro de una ecuación, ésta se ha de restaurar colocando dicho sumando en el otro miembro con el signo cambiado. De *al-jabr* procede la palabra álgebra, y hasta no hace mucho se llamaba algebrista al curandero que componía los huesos. La palabra *muqabala*, literalmente *comparación*, se refiere a la reducción de términos semejantes.

La época de los traductores

El occidente europeo, distanciado del saber griego desde la división del imperio romano, volvió a recuperarlo a través de versiones árabes. Esto hizo que a partir del año 1000 la tarea más urgente para los sabios de toda Europa fuera la de traducir del árabe al latín, que era entonces la lengua internacional de la ciencia, como ahora es el inglés. Los centros más importantes de encuentro entre las culturas árabe y latina estuvieron en España y en Sicilia. Las cosas pasaron de esta manera. En 1085, el rey castellano Alfonso VI toma Toledo, haciendo retroceder la frontera árabe hasta el Tajo. Muchos de sus habitantes eran bilingües, y algunos judíos eran trilingües. Alfonso era un rey tolerante y favoreció un clima de amistosa convivencia entre las tres religiones presentes en la ciudad. Gracias a esto, Toledo se convirtió en un lugar de encuentro con la ciencia musulmana, y mediante ella, con gran parte del saber griego e hindú. En cuanto a Sicilia, fue arrebatada a los árabes en 1091 por Roger Guiscardo, un caballero normando. Su hijo, Roger II, fundó el Reino de las Dos Sicilias, que había de perdurar hasta 1860. Los normandos se encontraron con una población marcada por las culturas latina, griega y árabe, y respetaron este ambiente cosmopolita y políglota. De este modo, Sicilia fue otro centro, el segundo en importancia de Europa, de intercambio entre las culturas islámica y cristiana. Hay una novela, *El salón dorado*, de José Luis Corral Lafuente, en la cual se retrata muy bien el mundo de los traductores medievales. Es muy entretenida.

Leonardo de Pisa

Leonardo de Pisa, más conocido como Fibonacci (que significa hijo de Bonaccio), nació en esta ciudad en el año 1180 y es el más importante matemático medieval. Ya hablamos de él cuando expusimos su método para descomponer cualquier fracción en fracciones unitarias. Su padre, un mercader italiano con intereses en el norte de África, le inició en asuntos de negocios y contabilidad mercantil, lo cual despertó en él un interés por las matemáticas que iba mucho más allá de sus aplicaciones prácticas. Estudió bajo la dirección de un maestro árabe y recorrió Egipto, Siria, Grecia y

Sicilia. Tuvo ocasión de conocer el sistema de numeración indo-árabe, del cual se convirtió en un acérrimo defensor. Murió en 1250. Muy poco más se sabe de su vida.

En cierta ocasión pasaba por la ciudad de Pisa el emperador germano Federico II, allá por el año 1225, y quiso conocer al célebre sabio que en ella vivía. Dos filósofos de su séquito, Juan de Palermo y Teodoro, concertaron un encuentro. Además, organizaron un torneo matemático para que Federico comprobara que la fama de Leonardo no carecía de fundamento. Le plantearon tres problemas y el pisano los resolvió. Uno de los tres problemas es el siguiente:

Tres hombres se reparten al azar un capital. A continuación, el primero aporta a un fondo común la mitad de su porción, el segundo un tercio y el tercero un sexto. Después hacen con el fondo tres partes iguales, y cada cual toma una para sí. ¿Cuánto tuvo cada uno en el primer reparto, si la cantidad final fue, para el primero, la mitad del capital inicial, para el segundo la tercera parte y para el tercero la sexta parte?

Leonardo toma como incógnita auxiliar u una de las tres partes en que se ha dividido el fondo formado por las fracciones de las partes tomadas al azar. Si éstas son x, y y z, y el capital total es c, tenemos las ecuaciones:

$$u+\left(x-\frac{x}{2}\right)=\frac{c}{2} \qquad u+\left(y-\frac{y}{3}\right)=\frac{c}{3} \qquad u+\left(z-\frac{z}{6}\right)=\frac{c}{6}$$

Fíjate bien que hay más incógnitas que ecuaciones, entonces hay infinitas soluciones (acuérdate de cuando hablamos sobre las ecuaciones indeterminadas). Comprueba que la solución entera más pequeña es $u = 7$, $c = 47$, $x = 33$, $y = 13$ y $z = 1$.

Pero la obra más importante de Leonardo es, sin duda, El *Libro del ábaco*. Su título es equívoco, pues precisamente, frente a los que empleaban el ábaco y la vieja notación romana, demuestra las ventajas de las cifras hindúes. En el *Libro del ábaco* se habla del uso de las cifras y del cálculo con los números enteros, se enseña la descomposición de un número en factores primos, se demuestran los criterios de divisibilidad y se da a conocer la prueba del 9. Aparecen en él además problemas de álgebra de primer grado, que Leonardo resuelve por medio de procedimientos aprendidos de los árabes. Pero de todos los problemas propuestos en el libro hay uno que sobresale por su enorme longevidad. Son muchos los matemáticos que han trabajado sobre él y que siguen trabajando, y es rara la revista matemática que no le haya dedicado alguna vez un artículo. El problema es el siguiente: ¿Cuántas parejas de conejos tendremos a fin de año si comenzamos con una pareja que produce cada mes otra pareja que procrea a su vez a los dos meses de vida? Como se ve en la tabla siguiente, el número de parejas que hay al terminar cada mes es una sucesión en la que cada término es la suma de sus dos precedentes.

	1ª generación	*2ª*	*3ª*	*4ª*	*5ª*	*6ª*	*Total*
1º mes	1						1
2º mes	1						1
3º mes	1	1					2
4º mes	1	2					3
5º mes	1	3	1				5
6º mes	1	4	3				8
7º mes	1	5	6	1			13
8º mes	1	6	10	4			21
9º mes	1	7	15	10	1		34
10º mes	1	8	21	20	5		55
11º mes	1	9	28	35	15	1	89
12º mes	1	10	36	56	35	6	144

Naturalmente, la sucesión puede prolongarse infinitamente, no hay más que sumar el último y penúltimo elemento para obtener el siguiente. Te doy a continuación algunas de las curiosísimas propiedades de esta sucesión, la mayoría de ellas descubiertas por matemáticos posteriores, para que las compruebes por ti mismo.

Dos términos consecutivos de la sucesión de Fibonacci son primos entre sí, esto es, no tienen ningún divisor común aparte del 1.

Si un término de la sucesión es divisor de otro término mayor, el lugar que ocupa el término pequeño también es divisor del lugar que ocupa el término mayor. Por ejemplo, 3 es divisor de 21. Pero 3 ocupa el lugar 4 en la sucesión, y 21 el lugar 8, y resulta que 4 es divisor de 8. Por mucho que avances en la sucesión, las cosas siempre suceden así.

En el triángulo aritmético, el que aparece en *Espejo precioso de los Cuatro Elementos* del matemático chino Chu Shih Chieh, está escondida la sucesión de Fibonacci. Parece increíble, pero es así. Y para sacarla

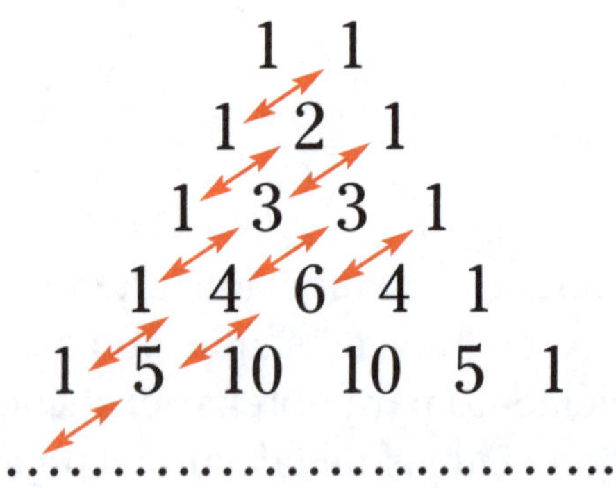

de su escondite, sumamos los números de cada diagonal (ascendiente de izquierda a derecha, siguiendo la dirección de las flechas) y van apareciendo uno a uno sus elementos.

Pero la propiedad más sorprendente de la sucesión de Fibonacci viene ahora. Vamos a coger cada elemento y dividirlo entre el siguiente:

$$\frac{1}{2}=0,5 \qquad \frac{2}{3}=0,66666666... \qquad \frac{3}{5}=0,6 \qquad \frac{5}{8}=0,625$$

$$\frac{8}{13}=0,615384615 \qquad \frac{13}{21}=0,6190476 \qquad \frac{34}{55}=0,6181818$$

$$\frac{55}{89}=0,617977528 \qquad \frac{89}{144}=0,618055555 \qquad \frac{144}{233}=0,61802575$$

¿No notas que estos cocientes se van pareciendo cada vez más al número de oro? Y esta es sin duda la más llamativa propiedad de la sucesión de Fibonacci: el cociente de dividir cada elemento de ella entre el siguiente nos proporciona una nueva sucesión que tiene por límite el número de oro. Ya ves, este número, con el cual se tropezaron los pitagóricos resolviendo un problema de geometría, aparece ahora en un contexto completamente distinto, en un problema de reproducción de conejos.

10. LA MATEMÁTICA RENACENTISTA

Los años transcurridos entre 1337 y 1453 fueron malos para Europa. La Guerra de los Cien Años asoló Francia e Inglaterra y terminada ésta, la guerra civil de las Dos Rosas acabó de devastar Inglaterra. La Peste Negra provocó una caída demográfica que hizo retroceder las actividades agrícolas y comerciales. Los campesinos estaban descontentos y los nobles pretendían mantener unos derechos feudales ya indefendibles. Los artesanos y mercaderes de las ciudades culpaban a los que las regían del estancamiento de la vida económica y, frente a ellos, apoyaron a los príncipes en Italia y en el resto de Europa a los reyes, que de este modo se convirtieron en símbolo de los intereses de sus súbditos.

Las cosas empezaron a cambiar hacia la segunda mitad del siglo XV. Y sucedieron tres cosas importantes. La primera, que las monarquías salieron fortalecidas de la crisis y pudieron garantizar una cierta estabilidad política, la cual, a su vez, facilitó el desarrollo científico. La segunda, la desesperada situación de Constantinopla, asediada por los turcos, que hizo que muchos estudiosos bizantinos vinieran a Occidente llevando consigo manuscritos griegos. De este modo se tuvo acceso a unos textos hasta entonces ignorados o solo conocidos en versiones árabes. La tercera, la invención de la imprenta, que abarató y popularizó los libros. Estas circunstancias y algunas más marcan un período histórico que hoy conocemos con el nombre de *Renacimiento*.

Con todo, pocos podían en el siglo XV entender las obras de Arquímedes y Apolonio, así que la recuperación del saber griego fue en principio menos importante que la impresión de las traducciones latinas de tratados árabes, más elementales y asequibles. De hecho, la más valiosa aportación de la matemática renacentista consistió en resolver las ecuaciones de grado tres y cuatro, un campo de estudio más en la tradición arábigo-medieval que en la griega.

Cardano, Tartaglia y Bombelli

En el año 1545, fecha importantísima para la matemática, se publica el *Ars magna* del italiano Gerolamo Cardano, en la cual se dan a conocer las soluciones algebraicas de las ecuaciones de tercero y cuarto grado. Cardano había nacido en Pavía, en el año 1501, y estudiado en su ciudad natal y en Padua, donde se había doctorado en medicina. Su vida profesional fue muy variada, pues ejerció de médico, de astrólogo y de profesor de medicina y de matemáticas en varias ciudades italianas. Su vida privada tampoco fue sosegada: un hijo suyo fue acusado de envenenar a su esposa y ejecutado, su secretario Ferrari murió envenenado en circunstancias misteriosas, y él mismo estuvo en la cárcel, acusado de herejía por la Inquisición. Con todo, todavía encontró tiempo para escribir sobre muy variados temas de filosofía, ciencias y matemáticas, y cuando publicó el *Ars magna* era ya un afamado algebrista.

Cardano reconoce no ser el descubridor de la fórmula que resuelve la ecuación cúbica, ni tampoco de la que resuelve la cuártica. La primera de ellas, dice en su libro, se la había enseñado Niccolò Fontana, un matemático de Brescia apodado Tartaglia, que en italiano significa *tartamudo*. Pero probablemente, el primero en encontrar la célebre fórmula fue un profesor de matemáticas de Bolonia llamado Scipione del Ferro, que no la publicó, pero sí la reveló antes de morir a uno de sus discípulos. Cuenta Tartaglia que al tener noticia de la posibilidad de resolver la ecuación cúbica se puso a trabajar hasta dar con el procedimiento. En una entrevista personal se lo enseñó a Cardano, quien le prometió guardar el secreto, cosa que no hizo. La indiscreción de éste provocó una agria polémica entre ambos, que se habría de prolongar entre los partidarios de uno y otro. Ahora bien, en descargo de Cardano se ha de decir que entre la entrevista que mantuvieron y la aparición del *Ars magna* pasaron seis años, Tartaglia se demoraba en publicar sus resultados y entre tanto Cardano había hecho investigaciones propias sobre el tema. Pero todo esto son anécdotas que no forman parte propiamente de la historia de las matemáticas. Y si quieres saber más sobre Cardano y su tiempo, puedes leer el libro *Cardano y Tartaglia,* que puedes encontrar en la editorial Nivola.

Vamos a ver ahora cómo se resuelve la ecuación de grado tres. Dividiendo por el coeficiente de x^3, siempre podemos imaginar que éste es un 1:

$$x^3 + ax^2 + bx + c = 0$$

Lo primero que se ha de hacer es sustituir x por $z - a/3$ (para calcular sus potencias acuérdate del triángulo aritmético que aprendimos de los chinos). Y resulta lo siguiente:

$$z^3 + \left(b - \frac{a^2}{3}\right)z + \frac{2a^3}{27} - \frac{ab}{3} + c = 0$$

Esta nueva ecuación, más abreviadamente, la podemos escribir así:

$$z^3 + pz + q = 0$$

Sabiendo ya que cualquier ecuación cúbica es equivalente a otra sin sumando de grado dos, podemos limitarnos a resolver ecuaciones que tengan este aspecto más simple. Y lo vamos a hacer con el siguiente ejemplo:

$$z^3 - 9z - 28 = 0$$

Descomponemos la incógnita en suma de otras dos, poniendo $u + v$ en lugar de la z y resulta:

$$(u+v)^3 - 9(u+v) - 28 = 0$$

Desarrollando el cubo y agrupando términos semejantes, llegamos a:

$$u^3 + v^3 + (u+v)(3uv-9) - 28 = 0$$

Esto último sucede si $u^3 + v^3 = 28$ y $3uv = 9$. Si en la segunda igualdad dividimos por 3 y elevamos al cubo, llegamos a que $u^3 v^3 = 27$.

Ahora bien, recordarás que si sabemos la suma S y el producto P de dos números, éstos son soluciones de la ecuación de segundo grado $y^2 - Sy + P = 0$, y nosotros conocemos la suma y el producto de u^3 y v^3. Entonces u^3 y v^3 son raíces de la ecuación $y^2 - 28y + 27 = 0$, la resolvemos y resulta que $u^3 = 27$ y $v^3 = 1$. En consecuencia:

$$z = u + v = \sqrt[3]{27} + \sqrt[3]{1} = 3 + 1 = 4$$

Y ya tienes la solución de la ecuación cúbica. Este ejemplo es elemental, porque la podías haber encontrado por tanteo, pero no por eso deja de ser ilustrativo. Para comprobar si has entendido bien lo anterior, puedes resolver la ecuación $z^3 - 18z - 35 = 0$, repitiendo paso a paso el mismo procedimiento.

Rafael Bombelli, otro algebrista italiano, tuvo una experiencia muy curiosa con la ecuación $z^3 - 15z - 4 = 0$. Aplicó el método de Tartaglia, llegó a la ecuación resolvente $y^2 - 4y - 125 = 0$ y calculó sus raíces:

$$y = \frac{4 \pm \sqrt{16-500}}{2} = \frac{4 \pm \sqrt{-484}}{2} = \frac{4 \pm 2\sqrt{-11}}{2} = 2 \pm \sqrt{-11}$$

La raíces de los números negativos, ya sabes, carecen de significado entre los números reales. Pero Bombelli no se arredró por eso, y siguió adelante con ellas como si sí lo tuvieran. Entonces la solución de la ecuación cúbica sería:

$$z = u + v = \sqrt[3]{2 + \sqrt{-121}} + \sqrt[3]{2 - \sqrt{-121}}$$

Ahora bien, por tanteo encontró que la solución era 4. Entonces le llevó a escribir lo siguiente:

$$4 = \sqrt[3]{2 + \sqrt{-121}} + \sqrt[3]{2 - \sqrt{-121}}$$

¿Qué quiere decir esto? Quiere decir que unas cuentas hechas con números que *no* tienen sentido pueden llevar a un resultado que *sí* tiene sentido. Como esto es un poco extraño, se empezó a pensar en la necesidad de dotar de algún significado a las raíces cuadradas de los números negativos. Todo esto desembocó, con el tiempo, en la creación de los números complejos. Si ya los conoces, entiendes perfectamente a qué nos estamos refiriendo. Si no es así, acuérdate cuando los estudies de los algebristas del Renacimiento, que fueron quienes pusieron la primera piedra en la construcción de estos números. Sin ellos la matemática de hoy sería impensable, aunque al principio te puedan parecer un poco estrafalarios.

A lo mejor te has preguntado si la ecuación cúbica tiene más de una solución, como sucede con la cuadrática. En efecto, puede poseer hasta tres. ¿Y de donde salen? Pues en nuestro ejemplo, de dividir el polinomio $z^2 - 9z - 28$ entre $z - 4$, e igualar a cero el cociente así obtenido. De este modo te habrás fabricado una ecuación de segundo grado cuyas soluciones son las dos que te faltan de la de tercero.

La revolución copernicana

Pero en el Renacimiento, además de una revolución en el álgebra, tuvo lugar otra revolución científica mucho más espectacular que afectó al hombre de la calle y alteró su manera de ver el mundo. La teoría astronómica de Ptolomeo, con sus epiciclos y deferentes, se iba haciendo más complicada según se iba modificando para ponerla de acuerdo con las nuevas observaciones, cada vez más precisas. Quienes dieron salida a esta revolución fueron Copérnico, Tycho Brahe y Kepler El primero propuso un nuevo modelo, mucho más sencillo, pero de un gran coste psicológico. Consistía este modelo en colocar al Sol en el centro del sistema planetario y considerar a la Tierra como un planeta más que daba vueltas alrededor de él. Y esto era difícil de aceptar por dos razones. La primera, porque había que renunciar a ser el centro del mundo, y esto tenía entonces una importancia que hoy nos cuesta imaginar. La segunda, porque chocaba con algunos pasajes de la Biblia, que algunos se empeñaban en interpretar literalmente. Vamos a ver ahora quién fue Copérnico y cómo era su sistema.

Nicolás Copérnico nació en 1473 en Polonia. Estudió primero en la Universidad de Cracovia y después en las de Bolonia y Padua. Enseñó durante algún tiempo en Roma hasta volver a su tierra natal, donde recibió las órdenes sagradas, y en 1510 fue nombrado canónigo. Leyendo obras griegas tropezó con la idea de Aristarco según la cual era la Tierra la que se movía alrededor del Sol. Tuvo la suficiente sagacidad para tomarla en serio y la necesaria habilidad matemática para elaborarla cuidadosamente. Copérnico mantuvo la esfera de las estrellas fijas, pero la dejó quieta (su aparente movimiento se explica por la rotación de la Tierra) y colocó al Sol en su centro. En círculos concéntricos con él se mueven los planetas, de tal modo que los más cercanos giran a más velocidad.

El sistema copernicano explica el movimiento anual del Sol en relación a las estrellas. Se ha de imaginar el círculo en el cual el plano de la órbita terrestre corta a la esfera celeste, sobre el cual están las constelaciones del zodíaco y cuyo centro es el Sol. Cuando la Tierra está en T_1, las constelaciones Piscis, Aries y Tauro son el fondo sobre el que se ve al sol, Escorpio Virgo y Libra son sus opuestas y aparecen en el cielo nocturno. Tres meses después, la tierra esta en T_2 y el sol está sobre Géminis, Cáncer y Leo, mientras que Acuario Sagitario y Capricornio se ven de noche. A los tres meses, la tierra está en T_3, el sol está en Libra, y por la noche podemos ver a Piscis, Aries y Tauro.

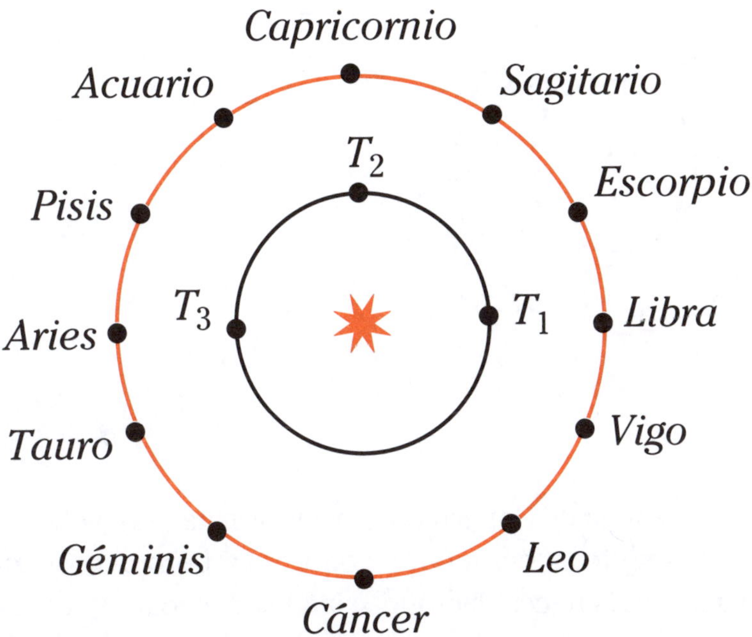

El aparente retroceso de los planetas se sigue con naturalidad del heliocentrismo. Al girar alrededor del Sol, la Tierra toma las posiciones T_1, T_2 y T_3 en el curso de un año. Júpiter, que se mueve más despacio, ocupa las posiciones J_1, J_2 y J_3. Supongamos que las líneas T_1J_1, T_2J_2 y T_3J_3 tienen como fondo las estrellas *A*, *B* y *C*. Entonces, desde la Tierra, el movimiento aparente de Júpiter será un pequeño retroceso hacia el oeste seguido de un avance mayor hacia el este. Los lugares de aparente reposo son aquellos en que está a punto de cambiar el sentido del movimiento.

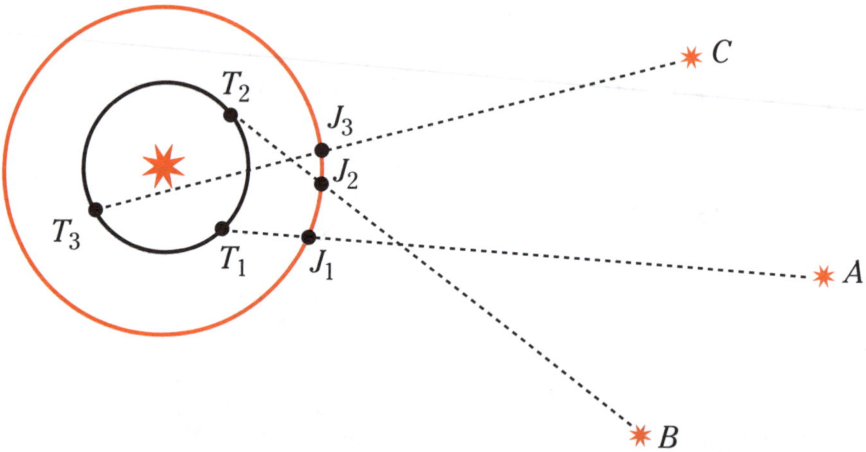

La idea de Copérnico, sin ser original, tuvo el mérito de explicar fenómenos concretos, pero aceptó sin discusión la necesidad que veían los griegos de explicar los movimientos celestes por medio de círculos y esferas, lo cual le obligó a mantener algunos restos del sistema ptolemaico. Esto le desanimó en parte, pero no por ello desistió en sus investigaciones. Hasta el año 1543, el mismo de su muerte, no vio la luz su famoso libro *Sobre la revolución de las esferas celestes*, si bien un discípulo suyo había publicado en 1540, con su consentimiento, una exposición resumida de la obra.

Tycho Brahe fue un astrónomo danés que nació en 1546, de familia noble. Mientras aprendía lo que necesitaban los hijos de la nobleza para ocupar cargos públicos, estudiaba por su cuenta matemáticas y astronomía. Al acabar su formación se instaló en Copenhague y con sus propios recursos construyó allí un observatorio astronómico. En 1572 hizo importantes descubrimientos sobre una estrella, lo que le granjeó la estima de Federico II de Dinamarca, quien le proporcionó una renta que le permitiría dedicarse a sus investigaciones y mandó hacer para él, en la isla de Hven (hoy Ven, perteneciente a Suecia), un observatorio con el mejor instrumental. Al morir su mecenas, y durante la minoría de edad de Christian IV, tuvo problemas con nobles celosos de la simpatía que le había profesado Federico. Se trasladó a Alemania, y pudo allí continuar sus trabajos bajo la protección del emperador Rodolfo II.

Brahe propuso un sistema que combinaba el de Ptolomeo y el de Copérnico, que salvaba las apariencias y no planteaba problemas a quienes creyeran en la veracidad literal de los relatos bíblicos. En esto no tuvo éxito, pero el verdadero mérito de Tycho Brahe se debe a que fue un extraordinario y riguroso observador. Realizó muy precisas medidas y también fue el primero que introdujo la refracción de la luz como un problema a tener en cuenta en las observaciones astronómicas.

Nació Johann Kepler en la ciudad alemana de Weil, en el año 1571. Fue discípulo de Tycho Brahe y, a diferencia de éste, aceptó sin reservas el sistema copernicano. Su mala vista le impidió ser un buen observador pero fue un fecundo teórico. Estaba convencido de que los planetas se movían según unas leyes sencillas, y que a ellas se podía llegar usando los datos aportados por Brahe. Comenzó por Marte, y elaboró algunas hipótesis combinando movimientos circulares uniformes. Al no tener éxito, abandonó definitivamente la tradición e introdujo movimientos no uniformes y no circulares. En esto fue extraordinariamente valiente, y fue mucho más allá de Copérnico. Hoy también nos cuesta entender que el prescindir del movimiento circular para explicar el movimiento de los astros haya sido algo tan revolucionario. En su libro *Nueva Astronomía*, publicado en 1609, dio a conocer sus dos primeras leyes:

1. El planeta Marte se mueve según una órbita elíptica en uno de cuyos focos está el Sol.

2. El radio vector que une al Sol con el planeta barre áreas iguales en tiempos iguales. Esta segunda ley implica que la velocidad del planeta es mayor en el perihelio (cuando está más cerca del Sol) que en el afelio (cuando está más lejos).

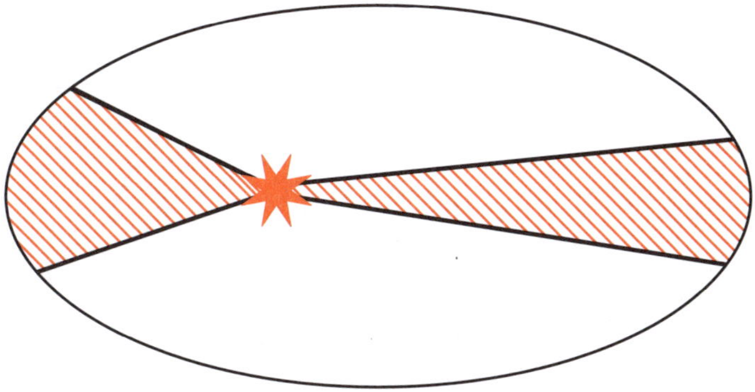

En 1619 sabía ya que estas leyes regían también para los demás planetas y enunció además su tercera ley:

3. El cuadrado del tiempo que tarda un planeta en completar su órbita es proporcional al cubo de su distancia media al Sol.

Algunos historiadores opinan que Copérnico fue el último científico de la Antigüedad y Kepler el primero de la modernidad. Copérnico se hubiera podido entender con Aristarco o con Platón, si hubieran resucitado para polemizar con él. Pero con Kepler hubiera sido imposible. Al prescindir este último del dogma de los movimientos circulares, hablaba un idioma distinto del de los sabios de la Antigüedad, no podría dialogar con ellos ni siquiera para discrepar. Puede ser que los historiadores que piensan así tengan razón.

Si te ha interesado este libro,
puedes leer su continuación:

UNA HISTORIA
DE LAS
MATEMÁTICAS
PARA JÓVENES

Desde el Renacimiento a la teoría de la relatividad